von Cossart
Storytelling

Storytelling

Geschichten für das Marketing und die PR-Arbeit entwickeln

von

Edgar v. Cossart

Verlag Franz Vahlen München

Nach Stationen beim WDR und SWR sowie als freiberuflicher Filmemacher arbeitet Edgar v. Cossart heute als Drehbuchautor und Dozent. Im Laufe seiner Tätigkeit als Drehbuchautor sind neben einem Kinofilm und mehreren Serienfolgen viel beachtete Fernsehspiele und Tatorte entstanden. Darüber hinaus stellte Edgar v. Cossart Industriefilme her, u. a. für das Land NRW, die VIAG AG, Daimler, Siemens, Novotel, Ibis und die Deutsche Telekom sowie Schulungs- und Dokumentarfilme für ARTE.

ISBN 978 3 8006 5412 3

© 2017 Verlag Franz Vahlen GmbH, Wilhelmstr. 9,
80801 München
Satz: Fotosatz Buck
Zweikirchener Str. 7, 84036 Kumhausen
Druck und Bindung: Nomos Verlagsgesellschaft mbH Co. KG
In den Lissen 12, 76547 Sinzheim
Umschlaggestaltung: Ralph Zimmermann – Bureau Parapluie
Bildnachweis: © marish – depositphotos.com
Gedruckt auf säurefreiem, alterungsbeständigem Papier
(hergestellt aus chlorfrei gebleichtem Zellstoff)

Vorwort

Mit Storytelling ist nicht die Tradition des „oralen Erzählens" gemeint, der Fokus liegt auf der Story und auf der Frage, wie eine gut erzählte Geschichte strukturiert und aufgebaut werden muss, damit sie ihre Wirkung nicht verfehlt. Gute Geschichten lösen Emotionen aus, die Botschaften kommen direkt im Hirn an und bleiben in Erinnerung. Dabei sind „Story" und „Telling" gar nicht so weit voneinander entfernt. Walter Benjamin stellte fest, dass die besten Erzählungen diejenigen sind, deren Niederschrift sich am wenigsten von der Rede des Erzählers abhebt.[2]

In den Rezensionen zu meinen bisherigen Publikationen wird mir eine „gut verständliche Alltagssprache"[3] bescheinigt oder „der einfache, fast mündliche Schreibstil"[4] wird lobend hervorgehoben. Ich denke, da bewege ich mich in die richtige Richtung. Die Lektüre dieses Buches soll Sie nicht nur schulen, es soll Ihnen Spaß bereiten, die Publikation zu lesen. Ich werde auch hier versuchen, mich eines lockeren Erzählstils zu bemächtigen und Sie darüber hinaus mit Geschichten aus meiner Berufs- und Dozentenlaufbahn unterhalten.

Nach meiner aktiven Zeit als Industrie- und Wirtschaftsfilmer, nach Drehbüchern für Fernsehspiele und Serienfolgen, lehre ich nun Storytelling, Stoffentwicklung und Dramaturgie an mehreren Schulen, Hochschulen und Weiterbildungseinrichtungen. Was ich im Beruf des Drehbuchautors für Fernsehen

---

[1] Jorge Bucay, argentinischer Autor, Psychiater und Gestalttherapeut.
[2] Walter Benjamin, *Illuminationen. Ausgewählte Schriften 1.*
[3] (*Film & TV Kameramann* 12/2015).
[4] (*Film & TV Kameramann* 1/2015).

und Film gelernt habe und heute selbst lehre, ist die Funktionsweise, wie Geschichten zu erzählen sind.

Eine Geschichte ist eine Geschichte, egal, ob sie „nur" zur Unterhaltung oder außerdem auf ein bestimmtes Ziel hin erzählt wird. Über Drehbuch, Dramaturgie, Storytelling und fiktionales Schreiben sind bereits Fachbücher von mir erschienen. Speziell dieses Buch schreibe ich für diejenigen Personen, die in den Bereichen Wirtschaft, Marketing und Public Relation arbeiten, die etwas zu präsentieren haben, und sich dafür wirkungsvoller Geschichten bedienen wollen.

Edgar v. Cossart

Inhaltsverzeichnis

Teil I

Der Inhalt der Geschichte

„Es gibt Dinge, die man fünfzig Jahre weiß, und im einundfünfzigsten erstaunt man über die Schwere und Furchtbarkeit ihres Inhalts."[5]

---

[5] Adalbert Stifter, 1805–1868, österreichischer Schriftsteller, Lyriker, Maler und Pädagoge.

Akt 1
Exposition

Wie Geschichten wirken

„… Heute will ich euch drei Geschichten aus meinem Leben erzählen. Das ist alles. Keine große Sache, nur drei Geschichten. Die erste

Die Abenteuergeschichten zuerst, bitte. Erklärungen brauchen immer so schrecklich lange.[6]

Geschichte dreht sich um das Erkennen von Zusammenhängen. Ich bin aus dem College nach sechs Monaten ausgeschieden …"

Steve Jobs' Rede im Jahr 2015 vor Studenten an der Stanford University gilt als Musterbeispiel des Storytelling. Er erzählt von seiner Mutter, die ihn als Studentin zur Adoption freigegeben hatte mit der Auflage, dass die zukünftigen Eltern studiert haben sollten. Es fand sich auch ein passendes Paar, ein Anwalt mit seiner Frau, doch die entschieden sich plötzlich um und wollten lieber ein Mädchen. Das Ehepaar, das an ihre Stelle trat, hatte nicht studiert, und Steves Mutter verweigerte ihre Einwilligung. Erst als die neuen Eltern zustimmten, dem Kind später eine Universitätsausbildung zu ermöglichen, war die leibliche Mutter einverstanden.

Tatsächlich setzten die Adoptiveltern, die nicht mit Reichtum gesegnet waren, all ihr Erspartes ein und schickten Steve auf eine der Ivy-League-Unis. Dort hielt er es aber nicht lange aus. Ihm machte das viele Geld zu schaffen, das für ihn ausgegeben wurde, und er exmatrikulierte sich. Fortan besuchte er als Gast alle nur möglichen Kurse. So kam er unter anderem mit den Fächern Kalligrafie und Typografie in Kontakt, und nur deshalb gibt es in Computern, zuerst im Macintosh, dann auch bei Windows, verschiedene Schriften zur Auswahl.

Die Moral dieser Geschichte lautete, dass alles, auch Umwege, irgendwann Sinn macht. Es folgten zwei weitere Geschichten mit Tiefgang, und den Uniabsolventen wurde die Zeit nicht zu lang. Sie hingen an Jobs' Lippen, hörten zu und lernten dabei.

---

[6] Lewis Carroll, *Alice im Wunderland*.

Menschen gelangen beim Zuhören einer perfekt erzählten Geschichte in einen entspannten Trancezustand, in dem sie Inhalte noch tiefer aufnehmen können. Die Geschichten wirken im Unbewussten, und Erkenntnisse reifen lange weiter. Deshalb funktioniert Storytelling, und es funktioniert nicht nur zur Unterhaltung.

Auch Brian Sullivan, Chef von Sky Deutschland, motiviert mit Geschichten aus seiner Studienzeit. Er erzählt, wie er als Student für das Baseballteam Philadelphia Phillies arbeitete. Er war Philli Phanatic, das Maskottchen des Teams. Als überlebensgroßer grüner Plüschfantasievogel hüpfte er am Spielfeldrand auf und ab, umarmte Cheerleader, Spieler und Fans. Dabei lernte er, wie man Massen mit Sport unterhält. Nichts anderes mache er heute mit exklusiven Fußballübertragungen, beendet er seine persönliche Erfolgsstory.[7] Die Moral lautet: Nur weil er nicht auf Rosen gebettet war und während seiner Studentenzeit hart arbeiten musste, hat er seinen Weg gemacht.

Die linke Hirnhälfte ist für die Logik zuständig, für die Analysefähigkeit, für die Konzentration aufs Detail und die Lösung mathematischer Aufgaben. Die rechte Gehirnhälfte lässt uns in Bildern denken, regt Gefühle an und ist intuitiv ansprechbar. Sachliche Informationen, eingebettet in fantasievolle Geschichten, lassen uns besonders aufmerksam reagieren, weil beide Gehirnhälften gleichermaßen angesprochen werden. Wir bekommen es mit dem doppelten Potenzial zu tun.

Wer Mitarbeiter für Visionen begeistern oder Kunden für neue Projekte überzeugen will, sollte deswegen nicht starr auf Sachverhalte oder Produkte hinweisen, sondern den Umweg über Geschichten gehen. Narrative Markenführung wird diese Spielart in der Geschäftswelt genannt, Content Marketing[8] oder Storytelling.

---

[7] Aus *Cicero*, Magazin für Politische Kultur, Nr. 4, April 2014, „Plüschvogels Höhenflug" S. 81.

[8] Content Marketing ist eine Marketingtechnik, die mit beratenden und unterhaltenden Inhalten Kunden anspricht, um sie vom Unternehmen und vom Produkt zu überzeugen.

Information oder Emotion

Aus der Konsum- und Hirnforschung ist bekannt, dass Menschen sich zu mehr als 80 Prozent emotional für oder gegen etwas entscheiden. Je emotionsgeladener eine Geschichte ist, desto leichter fällt es uns also, unsere Aufmerksamkeit darauf zu richten.

> To hell with facts! We need stories.[9]

Dan McAdams[10] antwortete in einem Interview auf die Frage, was genau die Aufgabe einer Geschichte ist, wie folgt: „*Geschichten haben viele Funktionen. Eine Geschichte existiert meist, um den Zuhörer zu unterhalten, um seine Aufmerksamkeit zu erlangen oder seine Emotionen anzuregen. Darüber hinaus können Geschichten weiterbilden und belehren; sie können auch dazu benutzt werden, Menschen zu heilen. Gleichzeitig können Geschichten zerstörerisch sein, revolutionär oder subversiv. Sie können verführen. Es gibt nicht nur eine Funktion, aber die Basis muss sein, zu unterhalten oder die Aufmerksamkeit oder Emotion anzuregen. Wenn sie das nicht tun, können sie wahrscheinlich auch sonst nichts.*"

Wenn es um die Öffentlichkeitsarbeit eines Unternehmens geht, wenn Sie als Kreativer den Auftrag bekommen, sich um die PR zu kümmern, sollten Sie zuallererst überlegen, wie Sie ihre Kunden unterhalten können. Dabei müssen Sie sich gar nicht weit vom Ausgangspunkt entfernen. Storytelling für Unternehmen bedeutet in erster Linie die redaktionelle Aufarbeitung aller Arten von Geschichten rund um das Produkt oder das Unternehmen selbst.

Die Homepage von Coca-Cola ist aufgebaut wie ein Magazin. Sie nennt sich *Cola Journey*. Dahinter stecken Geschichten, die sich um die Marke drehen, Storys von ihren Machern, über ihre Historie, von ihren Fans.

Skriptmanufaktura nennt sich das Kundenmagazin, in dem Volkswagen sich von Autostorys und Produktanpreisungen entfernt und stattdessen auf hochwertigen Journalismus setzt, hier speziell für Phaeton-Kunden.

---

[9]   Ken Kesey, 1935–2001, Schriftsteller und Aktionskünstler.
[10] Professor der Psychologie, Autor.

Red Bull sponsert von jeher verschiedene Extremsportarten, packt sie in abenteuerliche Geschichten und bietet damit eine zuverlässige Themenwelt. TV-Sender und Onlinekanäle sorgen für die Verbreitung.

Auf der Homepage der Haarmarke Schwarzkopf geht es um Haarprobleme allgemein.

Otto brachte, zumindest für eine kurze Zeit, sein eigenes Modemagazin *Mylife* heraus und eifert damit Zalando mit seinem Onlinemagazin *News & Style* nach.

Oft werden Journalisten damit beauftragt, sich die Geschichten auszudenken. Ein Reporter hat Erfahrung im Erzählen von Storys, und er verfügt über Fantasie.

Haben Sie niemals Angst davor, sich an Stoffen zu versuchen, von denen Sie keine Ahnung haben! Wenn Sie nur solche Geschichten ins Auge zu fassen, die aus Ihrem unmittelbaren Interessengebiet kommen, werden Sie Dinge als selbstverständlich annehmen, die Dritten völlig unbekannt sind. Es ist manchmal besser, als Anfänger an eine Aufgabe heranzugehen, sich unbekannte Gebiete zu erarbeiten und Dinge zu hinterfragen, die den Profis allzu geläufig sind. Dann werden Sie von allen verstanden.

In meiner Eigenschaft als Industriefilmer habe ich über die unterschiedlichsten Produkte und Herstellungsweisen Filme gemacht. Immer bin ich Anfänger gewesen, was dem Erzählstil niemals geschadet hat. Im Gegenteil wurden die Filme aufgrund ihrer überraschenden Herangehensweise und aufgrund ihrer rational-analytischen Erzählweise geschätzt.

Genau darin liegt der Grund, warum es besser ist, das Corporate Publishing, die journalistische Unternehmenskommunikation, außer Haus zu geben. Ein Geschichtenerzähler, der sich ganz neu in ein Gebiet hineindenken muss, bietet erfrischende Perspektiven auf die Themen, was kein Interner leisten kann.

Die Idee

Vor vielen Jahren bekamen meine Frau und ich unser erstes Kind. Mit dem Baby fuhren

> *„Der Kopf ist rund, damit das Denken die Richtung wechseln kann."* [11]

wird über Ostern zur Großmutter. Da die Kleine mehrmals in der Nacht aufwachte, ließen wir ihren Schlaf von einem Babyfon überwachen. Wir machten es uns vor dem Fernseher gemütlich, da plötzlich hörten wir Stimmen aus dem Empfänger. Es war sehr spät, entsprechend erschrocken waren wir. Wir rannten in das Zimmer, in dem sich das Kind befand. Es lag allein in seinem Bett und schlief tief und fest. Die Stimmen hörten wir aber weiter, sie wurden sogar immer lauter. Es war ein heftiger Streit mit Ausdrücken jenseits der Etikette, den wir miterlebten. Aber wer stritt da und wo? Für uns als besorgte junge Eltern war an Ruhe nicht mehr zu denken. Eine heftige Diskussion entbrannte auch zwischen uns. Meine Schwiegermutter, amüsiert über unsere Verwirrung, lachte plötzlich laut auf. Sie hatte die Stimmen erkannt. Es waren die ihrer greisen Nachbarn, die stritten wie die Kesselflicker. Ein freundliches Ehepaar, das seit ihrer Kindheit in der Straße wohnte, das stets freundlich grüßte und auf Anstand bedacht war. Durch irgendeine Fehlschaltung – später erfuhren wir, dass das Hörgerät des Nachbarn Auslöser gewesen sein musste –, erlebten wir das peinliche Spektakel aus dem Nachbarhaus über den Babyfonempfänger mit.

Aus diesem Erlebnis habe ich den Thriller *Babyfon* entwickelt. Darin geht es um ein fehlgeschaltetes Babyfon, über das ein Babysitter die Pläne von zwei Killern mitbekommt, die es auf ihn abgesehen haben. Das Drehbuch zu dem Film ist in Deutschland (*Babyfon – Mörder im Kinderzimmer*, auch *Der Mörder des Babysitters*), in Frankreich (*Meurtre à l Étage*) und wenig später in Amerika (*Baby Monitor – Sound of Fear*) verfilmt worden. Die Bilanz für eine Geschichte, auf deren Idee ich rein zufällig stieß, kann sich sehen lassen. Es war einer meiner ersten Filme. Ich weiß nicht, welche berufliche Laufbahn

---

[11] Francis Picabia, 1879–1953, französischer Schriftsteller, Maler und Grafiker.

ich ohne dieses Erlebnis eingeschlagen hätte, aber so bin ich Drehbuchautor geworden.

Wie die Idee zu dem Thriller *Babyfon* auf einem zufälligen Erleben beruhte, reichen kleinste Situationen, Bilder, vielleicht sogar Gerüche, um mich auf die Idee zu irgendwelchen Storys zu bringen. Ich bin fasziniert von verlassenen Wohnungen oder Häusern, weil ich mir ausmalen kann, welche Schicksale sich hinter den Mauern ereignet haben könnten, und beim Shopping mit meiner Frau liebe ich es, vor den Umkleidekabinen zu sitzen, von wo aus ich die Leute beobachten kann. Charlie Chaplin beschreibt in seiner Biografie, wie er mit seiner Mutter ganze Nachmittage hinter den Fenstern seiner Wohnung saß, um von dort die auf der Straße vorbeilaufenden Menschen zu beobachten. Zu jeder Person dachte die Mutter sich eine Geschichte aus, und Chaplin hörte begeistert zu, wahrscheinlich beteiligte er sich auch am Fantasieren. Diese Gewohnheit wurde für ihn der Grundstock seiner späteren Karriere.

Es sind IDEEN, die Marken aufbauen, einem Produkt Einzigartigkeit verleihen und Menschen bewegen. Man findet sie auf der Straße, dort, wo das Leben spielt, wo Menschen ihrem Alltag nachgehen. Das Café ist nicht zufällig der beliebteste Platz für Künstler und Journalisten, die auf der Suche nach Inspiration sind. Verlassen auch Sie Ihren Schreibtisch, gehen Sie spazieren oder in eine Kneipe. Wenn Mitarbeiter Sie fragen, was Sie aus dem Büro getrieben hat, sagen Sie: die Arbeit. Oft reicht ein kleiner Anstoß, Geschichten entstehen zu lassen, Geschichten, die in uns schlummern. Nicht nur in Charlie Chaplin, nicht nur in mir, in jedem! Sie müssen nur entdeckt und aufgeschrieben werden. Ich habe meine besten Ideen spät am Abend, wenn ich mit einer Zigarette und einem Glas Whiskey draußen vor der Tür stehe.

Gute Ideen werden zu Klassikern. Man muss sich von ihnen allerdings auch trennen können, wenn man spürt, dass sie einen nicht weiterbringen. *Wenn du in einem Loch sitzt, musst du mit dem Graben aufhören*, lautet eine japanische Weisheit.

Fakten, Erinnerung und Fantasie

Auch wenn es um Daten und Fakten geht, die Ihrer Geschichte zugrunde liegende Idee sollte von außerhalb der vorgegebenen Tatsachen kommen, von Ihnen ganz persönlich. FAKTEN sind Auslöser, mehr nicht. Der Geschichtenerzähler kupfert tatsächliche Ereignisse oder Gegebenheiten aber niemals einfach nur ab, sondern er interpretiert sie, er bewertet und ordnet sie im Hinblick auf Wertung und Wirkung neu an. Wichtiger als objektive Tatsachen sind Spannung und Emotion. Deswegen ist das, was es womöglich tatsächlich gibt, was sich tatsächlich ereignet hat, immer nur ein kleiner Teil der Geschichte. Andere Bestandteile, aus denen die Story besteht, sind die ERINNERUNG und die FANTASIE.

> „Alle Big Ideas sind Inspirationen. Sie kommen aus dem Unterbewussten – aber zuallererst müssen Sie Ihr Unterbewusstsein versorgen, mit allem, was immer Sie an Informationen bekommen können. Sie müssen Ihre Hausaufgaben machen."[12]

Im fiktionalen Filmgeschäft wird gesagt, dass die Fakten, also das, was vorgegeben ist, niemals mehr als ein Drittel der Geschichte ausmachen sollten. Das zweite Drittel speist sich aus der Erinnerung des Autors. Gemeint ist der Abgleich mit seinen Vorlieben, seinem Vorwissen, seinem persönlichen Erleben. An welche Begebenheiten aus seinem Leben fühlt sich der Autor angesichts des Ereignisses erinnert, was lösen sie in ihm aus, wie hat er es damals empfunden, welche Erfahrungen hat er gemacht, was weiß er vom Thema? Es ist sein ganz persönlicher Ausgangspunkt, der ihn sehr eigen agieren, reagieren und letztlich auch schreiben lässt. Tatsächlich können aus ein und derselben Vorlage ebenso viele Geschichten entstehen wie es Autoren gibt, die sich daran versuchen. Diese Erfahrung mache ich immer wieder. Verteile ich in Klassen von 20 Drehbuchstudenten einen Zeitungsartikel und gebe die Aufgabe, daraus eine Geschichte für einen Plot zu kreieren, kann ich sicher sein, dass ich 20 völlig unterschiedliche Geschichten zurückbekomme.

---

[12] David Ogilvy, 1911–1999, Werbetexter.

Das dritte Drittel schöpft sich aus der Fantasie. Der Autor muss das reale Ereignis anzureichern verstehen, sodass eine spannende und emotionale Geschichte daraus wird. Er muss seine Fantasie spielen lassen und sich neue Verwicklungen und Konflikte ausdenken und sie mit den Gegebenheiten verknüpfen. Fantasie gehört zum Geschichtenkreieren dazu! Ein Autor, der keine Fantasie hat, ist wie ein Arzt, der kein Blut sehen kann. Aber keine Angst, ich bin der festen Überzeugung, dass jeder Mensch mit einer gehörigen Portion Fantasie geboren wird, manche lassen sie im Lauf der Jahre allerdings verkümmern.

Das beste Mittel, die Fantasie wieder aufleben zu lassen, ist, an die eigene Kreativität zu glauben. Manchmal hilft es, sich an seine Kindheit zurückzuerinnern. Harvard-Professorin Teresa Amabile erklärt Kreativität als ein Produkt aus kreativen Fähigkeiten, Wissen und Motivation.[13] Wenn es an der Kreativität mangelt, an Wissen und Motivation lässt sich arbeiten.

Es gibt Geschichten, die zeichnen sich durch die ihr zugrunde liegende Fantasie aus, andere beruhen mehr auf Fakten, wieder andere speisen sich aus dem persönlichen Erleben des Autors. Je nach Einsatzgebiet, Genre, Stil, aber auch nach Vorliebe oder Begabung des Autors, wird eine der drei Bestandteile überwiegen, summa summarum bleibt es immer eine Mischung.

Erinnerung und Fantasie werden geprägt durch das, was man als Autor selbst gesehen, gehört und erfragt hat. Es betrifft die Recherche. Auch wenn Sie den Stoff, um den es gehen soll, aus dem Effeff beherrschen oder die Presse- oder Werbeabteilung des Unternehmens, für das Sie tätig sind, Sie mit Informationsmaterial versorgt, müssen Sie trotzdem recherchieren.

Für einen Schulungsfilm der Ibis-Novotel-Hotelkette habe ich das Angebot, zu Recherchezwecken in allen nur möglichen Hotels zu nächtigen, gerne angenommen. Der direkte Kontakt mit den Mitarbeitern hat mich auf viele Ideen gebracht.

---

[13] Teresa Amabile, *Three Component Model of Creativity*.

Für meine Filme für Daimler-Benz war ich mehr als einmal im firmeneigenen Museum oder habe bei Sammlern und in Oldtimerclubs vorgesprochen, um deren Begeisterung für das Produkt aufzusaugen. Was Sie im Gespräch mit Betroffenen oder bei der Begehung eines Ortes erfahren, sind die Informationen, die Ihre Recherche zu etwas ganz Eigenem machen.

Eine weitere Möglichkeit der Recherche ist der Produkttest. Wie sieht das Produkt aus, wie hört es sich an, wie riecht es, wie schmeckt es, wie fühlt es sich an? Die eigene Erfahrung ist durch nichts zu ersetzen. Wer eine Zahnpasta vertreibt oder bewirbt, sollte sich damit die Zähne geputzt haben, wer für ein Sportmotorrad Werbung macht, sollte damit über eine Rennstrecke gerast sein, zumindest als Beifahrer.

Nach der Recherche kommt das Brainstorming. Es ist eine erste Skizze der Geschichte, eine Ideensammlung, oft noch ungeordnet. Was könnte in meine Geschichte gehören, was nicht, in welchem Stil möchte ich die Geschichte erzählen, wann und wo soll sie spielen, mit welchen Personen und Konflikten? Es betrifft das Genre, den Ort, die Zeit, die Hauptfiguren und den zentralen Konflikt. Die ersten großen Entscheidungen stehen an. Sie werden sehen, dass die Arbeit des Geschichtenerzählers zu großen Teilen daraus besteht, Entscheidungen zu treffen. Das liegt nicht jedem. Göttergleich müssen Sie sich eine eigene Welt aus dem Nichts aufbauen. Daran führt kein Weg vorbei.

Die Geschichte der Akte Reitz-Melba

Auch wenn Sie konkretes Wissen vermitteln oder Mitarbeiter weiterbilden wollen, tun Sie gut

> „Wer mich überzeugen will, der braucht eine tolle Geschichte."[14]

daran, den Unterhaltungsfaktor obenan zu stellen. Ich selbst habe Schulungsfilme produziert und geschrieben, in denen ich die Realität derart überspitzt wiedergegeben habe, dass die

---

[14] Verfasser unbekannt.

Geschichten wie Slapsticks wirkten. Gerne erinnere ich mich an eine Schulungsfilmserie für die Ibis-Novotel-Hotelkette. Für den Dreh stand mir ein namhaftes Kabarettensemble aus Bonn zur Verfügung. Den Schauspielern hat es größten Spaß gemacht, in den verschiedenen Storys unfähige Hotelmitarbeiter zu mimen. Sie taten es völlig überzeichnet. Es ging darum, den Angestellten des Hotels die eigenen Fehler vor Augen zu halten, um dann in einem zweiten Teil zu demonstrieren, wie sie es besser machen können. Die Filme kamen sehr gut an, einmal, weil die Belustigung groß war, aber auch, weil sich die Mitarbeiter durch die offensichtlichen Übertreibungen nicht verletzt oder angegriffen fühlten. Die Abkehr von der unbedingten Realität war in diesem Fall doppelt wichtig – eine Schulung mit Spaß und ohne erhobenen Zeigefinger.

Vorteil NRW heißt ein Film, der die Vorzüge des Landes NRW anpreisen sollte. Ich habe ihn im Auftrag der Landesregierung NRW geschrieben. Der Film sollte Investoren aus Japan ansprechen. Meine Idee war, dass sich zwei Kinder, ein japanischer Junge und ein deutsches Mädchen, auf einem Ausflugsdampfer treffen, der auf dem Rhein durch Nordrhein-Westfalen schippert. Nach anfänglicher Skepsis werden die Kinder von ihren Eltern animiert, zusammen zu spielen. Sie entscheiden sich für ein Brettspiel, bei dem man nach dem Würfeln mit seinem Hütchen eine Anzahl von Schritten vorgehen muss. Die Spieler gelangen auf Ereignisfelder. Die Karten, die sie daraufhin ziehen und vorlesen dürfen, preisen die Vorteile des Landes NRW an: *Gratuliere, du bist in Duisburg, der Stadt mit dem größten Binnenhafen der Welt mit regem Linienverkehr in nahezu alle Häfen Europas, Afrikas und dem Vorderen Orient. Du sparst lange Umwege. Gehe vier Felder vor.* Entsprechende Filmausschnitte werden gezeigt. Es war eine sehr teure Produktion mit dem ehemaligen Tagesthemenmoderator H.J. Friedrichs als Sprecher.

Obwohl die Japaner die Premiere des Films lächelnd verfolgt hatten und es auch danach bei einem heiteren Gesichtsausdruck blieb, waren sie mit dem Film nicht glücklich. Die produzierende Firma erfuhr es erst später via Fax. Die Kunden aus dem Land des Lächelns hatten Probleme, sich von Kindern etwas sagen zu lassen. Es waren viele Gespräche nötig, bis sie sich mit der Idee anfreunden konnten. Dann wurde das Spiel sogar produziert und als Werbegabe verteilt. Letztendlich hat sich die Produktion für das auftragsgebende Land gerechnet.

Das bringt mich zu einer weiteren Geschichte, die schon einige Jahre zurückliegt. 1999 war die Entscheidung gefallen, dass Berlin die zukünftige Bundeshauptstadt werden sollte. Viele Ministerien waren in der Übergangszeit in Bonn und Berlin gleichzeitig angesiedelt. Ohne effizient arbeitende Kommunikationstechniken konnte und kann das nicht funktionieren. Das Problem war damals weniger die Technik, es waren die Menschen, die die Technik bedienen sollten. Die Telekom sah sich in der Pflicht, und ich wurde beauftrage, die Geschichte zu einem Werbe- beziehungsweise Schulungsvideo zu schreiben, in dem die neuen Techniken angepriesen und an die Bereitschaft der Belegschaft appelliert werden sollte, diese auch zu benutzen. Da die Mitarbeiter in den Ministerien vor allem aus (konservativen) Beamten bestanden, die von den neuesten Möglichkeiten nicht unbedingt zu überzeugen waren, musste ich einen Weg finden, sie anzusprechen, ohne ihnen dabei zu nahe zu treten. Sie 1:1 abzubilden, schied also aus.

Es war die Geburtsstunde der Akte Reitz-Melba und ihrer abenteuerlichen Geschichte:

Chefsekretärin Reitz-Melba (54) ist stolz auf ihre Arbeit, ihre Erfahrung und ihre Stellung, hat aber Probleme abzugeben. Alles geht über ihren Tisch, und das soll auch so bleiben! Die Grande Dame des Ministeriums in Form eines schwarz marmorierten Leitz-Ordners in der Größe A4 will nichts mit den digitalen Kolleginnen auf den Computerbildschirmen zu tun haben, weil sie sich überlegen fühlt, weil sie schon so viel länger da ist und über alles Bescheid weiß.

Als sich Reitz-Melba nach dem Hauptstadtumzug plötzlich nicht mehr in der Lage sieht, die ihr zugedachten Aufgaben mit ihren Möglichkeiten zu erledigen, wird sie von ihrem Vorgesetzten gescholten. Der ist außer sich, weil die Unterlagen nicht vor Ort sind. Es ist das AUSLÖSENDE EREIGNIS für die Geschichte, die folgt.

Nach einem kurzen Augenblick des ZÖGERNS (Trotzreaktion) und nach Fürsprache eines MENTORS (eine der elektronischen Akten) kommt es am ERSTEN WENDEPUNKT zum Entschluss, zu handeln.

Es gestaltet sich aber als schwierig, da Reitz-Melba nicht gleichzeitig in Bonn und Berlin sein kann. Sie versucht ihr Bestes, kann sich jedoch nicht zerreißen. Es kommt zu KONFLIKTEN auf allen Ebenen. Als sie sogar den Kanzler warten lässt und dafür von höchster Stelle verwarnt wird, wendet sie sich endlich an die jüngeren Kolleginnen auf den Monitoren. Erst als die helfen, kann die Arbeit wieder in vollem Umfang erledigt werden.

Der ZWEITE WENDEPUNKT ist der Punkt, an dem die Akte nach Erreichen des Ziels für die gute und vor allen Dingen schnelle Arbeit gelobt wird. Ohne die digitalen Medien hätte sie es aber niemals geschafft.

Im 3. AKT schließt sich die Akte Reitz-Melba den jüngeren Kolleginnen an, nimmt freiwillig ihren Platz auf einem der Bildschirme ein und lässt die Kolleginnen an ihrer Erfahrung teilhaben. Es endet mit einer Win-win-Situation.

Die Story mit der ebenso problematischen wie sympathischen Akte diente dazu, die Mitarbeiter in den Ministerien für die neuen elektronischen Medien zu begeistern. Es ging nicht um Schulung, sondern um das Ansprechen von Emotionen mit dem Ziel der Läuterung, worin in diesem Fall die Überwindung der eigenen Trägheit gemeint war. Genau deswegen war es klug und wichtig, den Umweg über eine dramatisch aufgebaute, schulmäßig strukturierte Geschichte zu gehen, an deren Ende die KATHARSIS steht.

Die Geschichte der Akte Reitz-Melba wurde als Zeichentrickfilm realisiert, die Hauptperson war animiert. Es tat der Wirkung keinen Abbruch. Auch eine Geschichte in einer Welt, die tatsächlich nicht existiert, kann authentisch wirken. Wir sprechen dann von FIKTIVER REALITÄT. Einsichtig soll die Geschichte ablaufen, in welcher fiktiven Realität sie sich auch immer abspielt. Egal, ob Akten sprechen oder U-Boote fliegen können – der Leser, Zuhörer oder Zuschauer akzeptiert es, wenn es in den einmal gesteckten Grenzen für ihn glaubhaft, das heißt, nachvollziehbar, abläuft. Nur so erreichen wir das Mitempfinden, das wichtig für die emotionale Bindung ist.

„Katharsis", „Auslösendes Ereignis", „Zögern", „Mentor", „Erster Wendepunkt", „Zweiter Wendepunkt", „Konflikt", „Akt" und „Läuterung" sind Begriffe aus der Dramaturgie. Sie bezeichnen bestimmte Punkte oder angestrebte Reaktionen innerhalb einer Geschichte.

Synopsis

Wollen Sie etwas vermitteln, versuchen Sie nicht, mit Fakten zu überzeugen, erzählen Sie eine Geschichte. Auf der Suche nach der Idee für die Geschichte gehen Sie spazieren, setzen Sie sich in eine Kneipe oder in ein Café. Plaudern Sie mit Leuten – ihr Gehirn macht derweil die Arbeit. Am nächsten Morgen oder schon in der Nacht ist die Idee da. Der Trick ist, das, worum es gehen soll, mit dem eigenen Erleben, der Erinnerung und der Fantasie, zu kombinieren. Nur so ist Ihre Idee einzigartig und wahrscheinlich auch originell.

Natürlich müssen Sie die Idee mit Fakten füllen. Dazu sollten Sie recherchieren. Recherchieren heißt erleben. Testen Sie, probieren Sie, sprechen Sie mit Menschen, und erst dann treffen Sie die Entscheidungen. Die Arbeit des Geschichtenerzählers besteht darin, Entscheidungen zu treffen – das Genre, den Ort, die Zeit, die Hauptfiguren und den zentralen Konflikt Ihrer Geschichte betreffend. Alles ist möglich! Bedenken Sie immer: Nur wenn Ihre Geschichte originell ist, spannend und emotional, werden Ihnen die Menschen zuhören. Eine spannende, emotionale Geschichte macht die Dramaturgie.

Akt II
Steigerung

Dramaturgie

Ob Literatur, Film, Theater oder Musik, Computerspiel oder Werbung, Sportveranstaltung, Schulstunde oder Seminar, Dramaturgie sichert Aufmerksamkeit. Mit der richtigen Dramaturgie lassen sich Abläufe formen, die ihr Publikum packen und anregen und die zu beeinflussen in der Lage sind.

> Die Steigerung von Drama ist Trauma.[15]

Während ich Sie bisher mit allzu theoretischen Erläuterungen verschont habe, ist es an dieser Stelle unerlässlich, einen Bogen zu schlagen – gleich bis zu den alten Griechen. Auch wenn der Begriff Storytelling und die Idee, damit werbliche und journalistische Inhalte zu verfolgen, relativ neu ist, so beruht all das, was es dazu zu sagen und zu lehren gibt, auf altem Dramaturgiewissen.

> „Warum ist Dramaturgie so wichtig? Weil sie ein Mittel ist, das Ihnen helfen kann, Ihre Geschichte in eine spannende Form zu bringen. Sie ist ein wichtiger Ausgangspunkt beim Prozess des Schreibens."
>
> Syd Field[16]

Der Philosoph Aristoteles gilt als Lehrmeister des Geschichtenerzählens. Seine Grundsätze, die einer seiner Schüler vor weit über 2000 Jahren niedergeschrieben hat und die wir heute in der *Poetik*[17] nachlesen können, standen und stehen Pate für alle Arten von Lehrbüchern über das Geschichtenerzählen. Nach den Dramatikern haben sich die Drehbuchautoren bei Aristoteles bedient. Es gibt kaum ein Buch über das Drehbuchschreiben, das nicht auf der Niederschrift aus der Antike

---

[15] Michael Bussek, deutscher Autor.
[16] Syd Field, 1935–2013, Drehbuchtheoretiker aus Amerika.
[17] Die Poetik ist ein um 335 v. Chr. als Vorlesungsgrundlage verfasstes Buch von Aristoteles, das sich mit der Dichtkunst und deren Gattungen beschäftigt.

fußt. So ist nur logisch und konsequent, wenn sich die Story-teller nunmehr bei den Drehbuchautoren bedienen.

„Wer Werbefilme konzipiert und produziert, sollte sich mit der Film-geschichte und dem Kino selbst auseinandersetzen." Auch Albert Heiser[18], von dem das Zitat stammt, beschreibt das Kino als Vorbild im Erzählen von Geschichten. Gute Geschichten lösen Assoziationen und Bilder aus und erzeugen vor den Augen des Rezipienten einen Film.

Last but not least ist Visualisierung eine effektive Möglichkeit, Wissen zu erarbeiten, zu vermitteln und zu sichern. Was man sichtbar vor Augen hat, beansprucht keine Kräfte mehr für Erklärungen. Auch deswegen können Erfahrung im Erzählen von Filmgeschichten für Wirtschaft, Werbung und PR von Nutzen sein.

Das Wort Dramaturgie ist von Drama abgeleitet. „Drama" heißt zunächst einmal nichts anderes als „Handlung". Wenn wir von Drama sprechen, ist damit die dramatische Ausge-staltung der Handlung gemeint, wie sie Aristoteles im 4. Jahr-hundert vor Christus festgehalten hat und wie sie heute noch gültig ist.

Dramatische Dreiheit

Bleistift, Radiergummi, Papierkorb – die Dreifaltigkeit des Schreibens.[19] Im klassischen Drama wie auch in neuzeitlichen Geschichten bilden die HAUPTFIGUR, das ZIEL und die KONFLIKTE die Hauptelemente. Ohne diese Dreiheit kann keine funktionierende Geschichte entstehen.

Folgende Fragen sollten gleich zu Beginn jeder Story beant-wortet werden können:

1. Wessen Geschichte soll erzählt werden, wer ist die Haupt-person?
2. Was soll die Person im Film erreichen, was ist ihr Ziel?

---

[18] Albert Heiser, Creative Director und Regisseur.
[19] Manfred Hinrich, 1926–2015, Deutscher Philosoph, Philologe, Lehrer, Publizist.

3. Welche Konflikte erschweren das Erreichen des Ziels? Konflikte sind ein gewichtiger Teil der Dreiheit. Ohne Konflikte kann kein Drama entstehen.

> Auf unser Beispiel bezogen ist die Hauptperson die Akte Reiz-Melba. Ihr Ziel ist die Erledigung eines konkreten Auftrags des Ministers. Dabei tun sich Probleme auf, die mit dem Hauptstadtumzug von Bonn nach Berlin zu tun haben.

Der Weg der Person auf das Ziel hin strukturiert die Geschichte, das Ziel definiert den Spannungsbogen. Im Krimi ist das Ziel des Kommissars, den Verbrecher zu stellen; im Liebesfilm ist das Ziel von Mann oder Frau, Mann oder Frau zu bekommen.

Halten Sie das Ziel so konkret wie möglich. Je abstrakter das ist, was die Person zu erreichen versucht, desto schwieriger ist es, den Film zu strukturieren.

Beschränken Sie sich auf *ein* Ziel, nicht mehr! Besser eine Botschaft, die im Kopf bleibt, als fünf Aussagen, von denen man sich nachher an keine einzige erinnert!

Liebe, Geborgenheit, Anerkennung sind keine Ziele, es sind Bedürfnisse, die die Person vielleicht auch zu erreichen sucht, allerdings unbewusst. Bedürfnisse resultieren aus einem Mangel, über den die Person selbst meist gar nicht Bescheid weiß. Aber etwas, wovon sie nichts weiß, kann sie sich nicht als Ziel nehmen. Vorerst geht es also „nur" um das konkrete Ziel. Das Ziel gibt der Hauptperson eine Richtung, sie bekommt etwas zu tun.

Damit das Ziel nicht allzu schnell erreicht wird, müssen Konflikte auftauchen. Wohlgemerkt, es gibt nicht nur einen Konflikt, es gibt viele Konflikte. Um den Überblick zu behalten, können wir sie in drei Rubriken aufteilen.

Wir unterscheiden zwischen dem INNEREN KONFLIKT, dem PERSÖNLICHEN KONFLIKT und dem AUSSERPERSÖNLICHEN KONFLIKT.

1. Beim inneren Konflikt steht sich die Hauptperson selbst im Weg, sie zögert, weiß nicht, ob sie handeln soll.

2. Beim persönlichen Konflikt hat die Hauptperson einen Konflikt mit ihr nahestehenden Personen – Eltern, Verwandten, Freunden, Bekannten, Nachbarn ... Mit ihnen unterhält sie persönliche Beziehungen und intime Verbindungen, mit ihnen kann sie streiten, sich schlagen, kann sie aber auch lieben.
3. Beim außerpersönlichen Konflikt bekommt die Hauptperson es mit der Umwelt, gesellschaftlichen Institutionen, physikalischen Gesetzen und den Gesetzen der Natur zu tun.

Die meisten Geschichten sind eine Mischung aus den drei Konfliktebenen. Je nach Genre wird eine Konfliktebene überwiegen.

Für den Stoff müssen Sie Konflikte sammeln. Ist eine Geschichte langweilig, so liegt es meistens daran, dass es nicht genug Konflikte gibt oder die Konflikte nicht stark genug sind.

Wenn es Ihnen hilft, machen Sie eine Tabelle und tragen da die möglichen Konflikte, die Ihnen einfallen, ein.

innerer Konflikt	persönlicher Konflikt	außerpersönlicher Konflikt
Reitz-Melbas Angst vor Neuerungen	Ihr Vorgesetzter verlangt von ihr unmögliche Dinge	Sie kann nicht in Bonn und Berlin gleichzeitig sein.
...	...	...
...	...	...
...	...	...

Zusammenfassend handelt jede gute Geschichte von jemandem, mit dem wir ein gewisses Mitgefühl empfinden. Dieser Jemand will unbedingt etwas Bestimmtes erreichen. Dieses Etwas zu erreichen ist zwar möglich, aber schwierig.

Oder in einem Satz ausgedrückt:

> Jemand will etwas unbedingt erreichen und hat Schwierigkeiten, es zu bekommen.

Diesen Satz, von dem ich nicht mehr weiß, ob er von meinem Lehrer Frank Daniel oder von dessen Meisterschüler David Howard ist, sollten Sie sich über Ihr Bett hängen.[20]

Zur Dramatischen Dreiheit gehört auch, dass Sie zu jedem Zeitpunkt, während Sie an einer Geschichte arbeiten, in der Lage sein sollten, das eigene Tun zu komprimieren. Fassen Sie Ihre Story in DREI KURZEN SÄTZEN ZUSAMMEN – nicht mehr und nicht weniger! Versuchen Sie es. Klappt es nicht auf Anhieb, drucksen Sie herum, benötigen Sie Erklärungen, dann stimmt etwas nicht!

> Die Akte Reitz Melba lebt und arbeitet zur Zeit des Hauptstadtumzugs in Bonn.
>
> Da die meisten Ministerien in Berlin angesiedelt sind, kann sie einen Auftrag mit konventionellen Methoden nicht mehr bewältigen.
>
> Sie muss über ihren Schatten springen und die Hilfe elektronischer Akten annehmen.

Es ist elementar, dass die Geschichte von Anfang an klar umrissen ist. Die drei Sätze dienen der Selbstkontrolle.

Was wäre, wenn ...

Ist die Handlung, die Ihnen grob vorschwebt, wirklich tauglich? Kann daraus eine *Hätte, hätte, Fahrradkette.[21]* ebenso emotionale wie spannende Geschichte entstehen? Um es zu überprüfen, ist es sinnvoll, eine sogenannte PRÄMISSE aufzustellen. Eine Prämisse ist eine Annahme, aus der durch einen Schluss eine Aussage (die Konklusion) gewonnen wird. Der Trick ist, den Schluss der Fantasie des Publikums zu überlassen. Je nachdem, wie der Beginn zu inspirieren in der Lage ist und was sich die Zuhörer vorstellen, wie es weitergehen

---

[20] Vor Jahren war ich Teilnehmer mehrerer Drehbuchseminare; ich besuchte u. a. Drehbuch-Workshops mit Frank Daniel, Dekan der University of Southern California, und David Howard, dem Autor des Buches *DREHBUCH, Technik und Grundlagen.*

[21] Spruch und Volksweisheit.

könnte, handelt es sich um einen guten Stoff oder nicht. Die Prämisse wird gebildet mit der Frage: *Was wäre, wenn …?*

Was wäre, wenn … eine auf den ersten Blick einfach gestrickte alleinerziehende Mutter dreier Kinder auf der Suche nach einem Broterwerb bei einer Rechtsanwaltskanzlei landete und dort den größten Umweltskandal aufdecken würde, den Amerika je erlebt hat? *Erin Brockovich* (2000, Steven Soderbergh)

Was wäre, wenn … sich ein penibler Angestellter in seinem Streben nach Karriere in das Verhältnis seines Chefs verlieben würde? *The Apartment* (1960, Billy Wilder)

Was wäre, wenn … ein auf den ersten Blick heruntergekommener Privatdetektiv, der sich aus allem heraushalten will, um seine Ehre zu retten, einen Fall übernähme, der ihn mit mehreren Toten, einem weitreichenden Skandal und einer Familientragödie konfrontieren würde? *Chinatown* (1974, Roman Polanski)

Ich erinnere mich gerne an die Prämisse einer meiner Studentinnen. Sie kam aus Marokko und war mit den dortigen Verhältnissen bestens vertraut. Die Prämisse für ihren Film lautete:

Was wäre, wenn … eine junge Frau mit dem Mann zwangsverheiratet werden soll, den sie liebt?

Die Prämisse, die eine lockere Verwechslungskomödie vor ernster Kulisse versprach, hatte mir auf Anhieb gefallen.

Es ist kein Zufall, dass die Laudation des Deutschen Reporterpreises 2012 für die „Beste Reportage" mit den Prämissen zu den Geschichten verbunden wird.

Einen Preis bekam Takis Würger vom *Spiegel* für seinen Text *Das verlorene Bataillon*. Würger war der erste deutsche Journalist, der drei Wochen lang bei einer Kampftruppe der Bundeswehr war. In seiner Reportage erzählt er die Geschichte eines deutschen Scharfschützen in Afghanistan, der noch keinen Schuss abgegeben hat. Dabei will er endlich seinen Beruf ausüben. Die Prämisse dazu, die Teil der Laudation war, lautete: *Was, wenn ich einen Menschen erschieße?*

Den Preis für die „Beste Lokalreportage" erhielt Anja Reich von der *Berliner Zeitung*. In ihrem Text *Der goldene Stein* beschreibt sie, wie ein einfacher Straßenbauer aus Brandenburg im Auftrag einer jüdischen Familie in Berlin einen „Stolperstein" verlegt, derweil die Familie der von den Nazis getöteten Frau danebensteht und kaum ein Wort herausbringt. Die Prämisse dazu lautet: *Was, wenn du keine Ahnung hast und trotzdem Geschichte machst?*

Die Prämisse lässt sich für alle Geschichten anwenden, egal, ob es um rein fiktionale Inhalte geht oder solche für Wirtschaft, Werbung oder Journalismus.

Eine Werbekampagne von Vodafone ist sogar mit der Frage *Was würdest du tun, wenn du alles kannst?* betitelt. Im dazugehörigen Spot reist ein junges Mädchen um die Welt und erfüllt stellvertretend für ihren Großvater seine größten Wünsche.

In manchen Bauhaus-Spots werden bestimmte Voraussetzungen oder Annahmen beschworen und mit der logischen Schlussfolgerung „Mehr als ein Baumarkt" verbunden. Der Text dazu lautet: *Wenn ein Rasen nur ein Rasen wäre und eine Hecke nichts als eine Hecke, wäre ein Garten einfach nur ein Garten, dann wäre Bauhaus nur ein Baumarkt.*

Peugeot bewirb sein neues Modell mit der Frage: *Was wäre, wenn die Realität das spannendste Erlebnis wäre, das man sich vorstellen kann.* Einem jungen Mann, der eben seine Virtual Reality-Brille abzieht, fällt die Rückkehr in die Wirklichkeit schwer. Er stößt ein Glas Wasser um. Da sieht er in einiger Entfernung den neuen Peugot. Er will näher heran, stößt aber an eine Trennscheibe. Die Aussage: Wäre er bloß in der Realität geblieben. Mit dem neuen Peugeot wartet die Wirklichkeit mit sehr viel mehr Spaß auf, als es jede Virtual Reality nur könnte.

Es ist eine geschickte Umgestaltung oder Neuinterpretation der Idee der Prämisse.

In der Werbung gibt es neben dem *USP – Unique Selling Proposition*, womit das Einzigartige bezeichnet ist, das das zu bewerbende Produkt auszeichnet und was in der Werbung hervorgehoben werden sollte (der einzige Schokoriegel mit ganzen

Nüssen!) –, noch die *SMP: Single Minded Proposition*. Die SMP beschreibt in einem Satz das Aufregendste, was man über das Produkt sagen kann. Es ist ein Versprechen, das sich an die Emotion, nicht an die Ratio richtet, und damit ist es mit der Prämisse verwandt.

Was wäre, wenn ... es eine Zahncreme gäbe, die den Benutzer begehrenswert machen könnte?

An vielen Prämissen muss man feilen. *Was wäre, wenn* ... ein Mann eine Frau lieben würde?, verspricht noch kein großes Spannungspotenzial. Wenn wir die Grundsituation personifizieren und mit Gegensätzen anreichern, sieht es schon besser aus: *Was wäre, wenn* ... ein verheirateter Mann die Frau seines besten Freundes lieben würde? Es wäre ein erster Schritt in die richtige Richtung. Was wir immer brauchen, sind Konflikte. *Was wäre, wenn* ... ein katholischer Pfarrer eine Muslima mit vier Kindern lieben würde, ginge nochmals darüber hinaus. Es ließe sich unendlich weiterführen, bis es ins Abstruse abgleiten würde.

Kommen wir zu unserem animierten Film mit der Geschichte der Akte Reitz-Melba zurück. Die Prämisse dazu könnte lauten: *Was wäre, wenn* ... durch den Hauptstadtumzug von Bonn nach Berlin die Regierungsarbeit zum Erliegen käme? Es klingt vielleicht erschreckend, aber überhaupt nicht spannend, auch nicht originell oder überraschend. Vor allem verspricht es noch keine Geschichte. Wenn wir die Prämisse aber von der Perspektive der Hauptperson betrachten, und das sollten wir tun, klingt es ganz anders.

> Was wäre, wenn ... die erfahrene Chefsekretärin Reitz-Melba, die seit Jahrzehnten ebenso zuverlässig wie rechtschaffen ihre Arbeit für den Minister erledigt und deshalb glaubt, unentbehrlich zu sein, plötzlich versagt und den Groll des Bundeskanzlers auf sich zieht, weil sie nicht in der Lage ist, gleichzeitig in Bonn und in Berlin präsent zu sein.

Jetzt hört es sich eher nach einer emotionalen Geschichte an. Wie haben wir das erreicht? Indem wir uns für eine Person als Hauptperson entschieden haben.

Geschichten mit (Lebe)-Wesen im Mittelpunkt erzählen sich leichter als solche ohne.

Hoffen und bangen

Ein in die Jahre gekommener, wohlbeleibter Mann rutscht, schliddert und kugelt sich nackt einen steilen Abhang hinunter, der aus Erde, Steinen, Brettern und Wurzelwerk besteht. Ungeschützt, wie er ist, müsste ihm die „Reise" große Schmerzen bereiten, aber irgendwie scheint es ihn zu befriedigen. Am Ende, am Höhepunkt der kurzen Geschichte angelangt, plumpst der füllige Körper in einen schlammigen Teich. Schon richtet sich der Mann wieder auf, triumphierend hält er herausgerissenes Wurzelwerk in den Händen. Ein Urschrei ertönt, dann greift sich die Person eine Hacke und holt kraftvoll aus. Sie legt einen Teich oder Swimmingpool an und nimmt es derart mit den Elementen auf. Es folgt die Schrifteinblendung: *Du lebst, erinnerst du dich?* Hornbach.

> Der Mensch ist das Maß aller Dinge.[22]

Geschichten sollten von Menschen oder zumindest von Lebewesen handeln, oder von Dingen, die menschliche Eigenschaften angenommen haben. Nur so können Emotionen erzeugt werden, was die Bedingung dafür ist, dass der Zuschauer mitleiden, dass er HOFFEN und BANGEN kann. Er soll hoffen, dass der handelnden Person etwas nicht passiert, dass sie keine Schmerzen erleiden muss, und er soll darum bangen, dass es vielleicht doch geschieht. Dieses Mitempfinden braucht jede gute Story.

Nicht zufällig stehen in vielen preisgekrönten Reportagen Menschen im Vordergrund, die Außergewöhnliches geleistet haben, die sich ein Ziel gesetzt und es trotz vieler Widerstände (meist) auch erreicht haben.

Heike Faller vom *Zeitmagazin* begleitet in ihrer Reportage *Der Getriebene* über ein Jahr lang einen jungen Mann bei seinem Kampf gegen das eigene Verlangen. Der Mann ist pädophil. Heike Faller porträtiert kein Monster, sondern einen Men-

---

[22] Protagoras, 490 v.Chr.–411 v.Chr. griechischer Philosoph.

schen bei einer der schwersten Aufgaben überhaupt. Wird Jonas den Kampf gewinnen oder verlieren? Der Leser kann hoffen und bangen!

In der Reportage *Träume in Infrarot* porträtiert Nicola Abé vom *Spiegel* einen Soldaten, der irgendwo in den USA Drohnen steuert. Er ist sehr gut in diesem Job, doch irgendwann diagnostizieren die Ärzte bei ihm eine Posttraumatische Belastungsstörung. Dabei war er nie im Feld. Auch hier ist der Leser hin- und hergerissen.

Jens König nimmt sich Gregor Gysi als Hauptperson. In seiner Reportage *Politik. Macht. Einsam.* beschreibt er die zerstörerische Wirkung der Politik auf den Vollblutpolitiker.

Egal, für wen Sie welche Geschichte erzählen wollen, lohnt es, sich Gedanken über die Hauptperson zu machen, und wenn es keine gibt, sich Gedanken darüber zu machen, ob es nicht doch eine Hauptperson geben könnte. Es zahlt sich aus.

Der Körperpflegehersteller Lornamead startet eine Videokampagne unter dem Motto „Echte Heldinnen". Erzählt werden die authentischen Geschichten von Frauen, die ihrer Überzeugung gefolgt sind – allen Widerständen und Rückschlägen zum Trotz.

Lea und Tanja setzen sich für Obst und Gemüse ein, das nicht im Supermarktregal landet, weil es nicht der Norm entspricht. Sie gründeten die Initiative Culinary Misfits, mit der sie die Verbraucher für eine natürliche Vielfalt zu sensibilisieren versuchen.

Es gibt weitere Heldinnen bei Lornamead, solche, die gegen den eigenen Brustkrebs kämpfen und mit ihren Erfahrungen anderen Frauen Mut machen, oder solche, die sich für eine tierversuchsfreie Forschung einsetzen. Die betreffenden Videoclips publizieren die Botschaft des Körperpflegeherstellers, die mit „Das reine Leben" überschrieben ist.

Die Baumärkte scheinen sich mit Menschengeschichten gegenseitig zu übertreffen. In „Das Leben ist voller Obi-Momente" werden „Katastrophen" beschworen, die sich dank des Einsatzes ihrer Kunden und Obi ins Gegenteil verkehren:

Ein Mann teilt seiner Frau mit, dass er sie verlassen möchte. Die Frau reagiert nicht, jedenfalls nicht sichtbar. Vielleicht zögert sie auch. In ihrem Inneren tut sich aber einiges. Sie stellt sich vor, wie sie zu Obi geht, Werkzeug und Material holt, zu Hause die Erinnerungen an die Ehe entsorgt und die Wohnung renoviert. Erst dann kommt sie wieder zu sich und flüstert: „Obi".

Der schon in die Jahre gekommene Sohn offenbart den Eltern, dass er „Hotel Mama" verlassen möchte. Die Eltern reagieren erst nicht, jedenfalls nicht sichtbar. Wahrscheinlich zögern auch sie. In ihrem Inneren tut sich aber einiges. Sie gehen zu Obi, holen Werkzeug und Material, und bauen das Kinderzimmer zu einem Fitnessraum um. Erst dann kommt die Mutter wieder zu sich und flüstert: „Obi".

Eine junge Frau kommt mit einem Schwangerschaftstest in der Hand zu ihrem Mann gerannt. Auf ihren Ruf „Wir bekommen ein Baby" reagiert der Mann nicht, jedenfalls nicht sichtbar. In seinem Inneren tut sich aber einiges. Er geht zu Obi, holt Werkzeug und Material, baut den Dachboden zum Kinderzimmer um und außerdem noch ein Babybett. Erst dann kommt er wieder zu sich und flüstert: „Obi".

Die Spots mit genau der gleichen Dramaturgie sind so beliebt, dass sie sehr erfolgreich auch auf YouTube laufen.

Die „Selbstbauidee" von Toom-Baumarkt geht den entgegengesetzten Weg. Auf humoristisch übertriebene Art kommt es dank Toom zur Katastrophe. Ein kleiner Mann wehrt sich mithilfe seiner Heimwerkerfähigkeiten gegen einen Raser, der ihn zu immer derselben Zeit terrorisiert. Das Ergebnis, ein hoch durch die Luft fliegender aufgemotzter Kleinwagen, kann sich sehen lassen.

Was all diese Spots gemein haben ist die Tatsache, dass sie Geschichten von Menschen oder menschenähnlichen Wesen erzählen.

Identifikation, Sympathie, Empathie

Der Mann, der im Hornbach-Spot nackt einen Abhang hinunterstürzt, ist kein Adonis, eher entspricht er dem Gegenteil – was clever ist. So können sich die Baumarktkunden, bei denen es sich in der Mehrzahl um in die Jahre gekommene Männer handeln dürfte, mit ihm identifizieren, zumindest Empathie für ihn empfinden. Das heißt, mit den gleichen Unzulänglichkeiten teilen sie die gleichen Sehnsüchte. Auch die Protagonisten in den Obi-Spots sind Menschen wie du und ich.

Menschen oder menschenähnliche Wesen in den Vordergrund einer Erzählung zu stellen, reicht oft aber nicht. Es ist wichtig, dass die Personen zur IDENTIFIKATION anregen, SYMPATHIE oder zumindest EMPATHIE erzeugen.

In den frühen Tagen des Films dominierten solche Personen, mit denen sich der Zuschauer identifizieren konnte. Er wollte so sein wie sie. Aktuell ist es noch bei vielen Geschichten für Kinder so. Der ältere Zuschauer ist jedoch zu aufgeklärt, als dass er wirklich so sein wollte wie die Personen in den Filmgeschichten. Man ging also dazu über, die Personen „nur" noch sympathisch zu zeichnen. Aber auch das war bald schon zu viel des Guten – im wahrsten Sinne des Wortes. Den Paten aus *Der Pate* kann man schwerlich sympathisch finden. Er ist ein Massenmörder, der mit seinen Gegnern kurzen Prozess macht. Demgegenüber hat aber auch er Seiten an sich, mit denen sich der Zuschauer anfreunden kann. Er hat ein großes Familienherz, Freundschaft wird bei ihm großgeschrieben, man kann sich auf ihn verlassen. Das wiederum lässt den Film von Francis Ford Coppola (1972) oder die literarische Vorlage von Mario Puzo (1969) sehr emotional wirken.

Es existieren aktuell viele Personen im Film und der Literatur, die mit Mängeln behaftet sind, die aber trotzdem die Zuschau-

---

[23] Verfasser unbekannt.

er oder Leser emotional bewegen können. Reicht es also, wenn wir mit den Personen lediglich Empathie empfinden?

Unter Empathie wird die Bereitschaft verstanden, Gedanken, Emotionen, Motive und Persönlichkeitsmerkmale einer anderen Person zu erkennen, zu verstehen und darauf zu reagieren. Wichtig ist, dass der Leser, Zuhörer oder Zuschauer tief im Inneren des Protagonisten eine Gemeinsamkeit erkennt. Nur so kann er die Gefühle deuten. Genau deswegen geht dem Paten die Familie über alles und sogar die Roboter in *Star Wars* haben menschliche Züge.

Fiktionale Figur und Publikum sind also nicht in jeder Hinsicht gleich; sie teilen vielleicht nur eine einzige Eigenschaft, ein aufschlussreiches Detail. Darauf kommt es aber an! Dieses Etwas ist es, das die Saite zum Klingen bringt, das den Leser, Zuhörer oder Zuschauer für die Figur einnehmen lässt. Durch Empathie wird die emotionale Beteiligung des Publikums wachgehalten.

Die Akte Reitz-Melba ist nicht unbedingt sympathisch zu nennen, schon gar nicht bin ich davon ausgegangen, dass der Zuschauer so sein wollte wie sie. Ich habe es auf das Empathievermögen des Zuschauers abgesehen, weil er sich in der Person der Akte vielleicht wiedererkennt, oder zumindest Personen kennt, die dem Charakter der Akte entsprechen. Die ewig Gestrigen kommen schließlich nicht nur in Behörden vor. Es soll heute noch Autoren geben, die keine Computer im Haus haben wollen und die ihre Texte, so umfangreich sie auch sind, weiterhin auf einer Schreibmaschine schreiben. Auch Kamerafrauen und -männer weigern sich gerne und beharrlich, die neuesten technischen Errungenschaften mitzumachen. Sie beschwören den analogen Film und verachten die Kollegen, die nur digital arbeiten können. Für sie dürfte sich niemand, der niemals Zelluloid in den Händen hatte, Kameramann oder -frau nennen. Dass die neuen Kollegen vielleicht viel schneller arbeiten und auch preiswerter, wird von ihnen gerne übersehen. Bei alldem sind solche Urgesteine oft sehr gut in dem, was sie machen. Sie haben ihren Beruf von der Pieke auf gelernt, und wenn man sie zu nehmen weiß, hat man mit ihnen ein gutes Auskommen. Man kann viel von ihnen lernen. Genau das lässt uns Empathie für sie empfinden.

Drei Akte

Eine weitere aristotelische Forderung ist die Einteilung der Handlung in mindestens DREI AKTE. *„Ganz ist, was Anfang, Mitte und Ende besitzt.*[25] Es gibt keine gut funktionierende Geschichte, die nicht mindestens aus drei Teilen besteht. Wie oft versuchen Studenten mir Storys anzubieten, die aus lediglich zwei Teilen bestehen. Bei Kurzfilmen ist es verlockend. Ich merke es aber sofort, und nicht nur ich. Jedem Leser, Zuhörer oder Zuschauer wird auffallen, dass etwas nicht stimmt. Sie werden den oder die Fehler vielleicht nicht benennen können, aber merken, dass die Geschichte so nicht funktioniert, weil sie unbefriedigend abläuft.

Es sollte einzusehen sein, dass jede Geschichte irgendwie anfängt, irgendwie weitergeht und dann irgendwie endet.

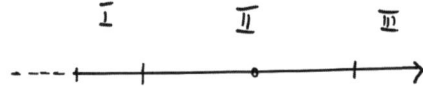

Die drei Teile nennt man auch EXPOSITION, KONFRONTATION und AUFLÖSUNG.

Jede Geschichte fängt an mit der Exposition: Wer sind die Leute, und was ist die Ausgangssituation der Geschichte? Der Protagonist führt ein mehr oder weniger ausgeglichenes Leben.

In der Konfrontation steckt sich die Person ein Ziel und bemüht sich, das Ziel zu erreichen. Es gibt Konflikte und Probleme auf allen Ebenen. Sie entwickeln und intensivieren sich. Die Figur kommt am Ziel an.

In der Auflösung kommt es zum Happy End (oder auch nicht). Die Konflikte sind entschieden.

Dem Leser, Zuhörer oder Zuschauer ist die Einteilung in drei Akte nicht bewusst. Ihr Sinn besteht auch darin, dem Autor bei der Organisation seiner Ideen zu helfen, wie er seine Ge-

---

24 Immanuel Kant, 1724–1804, deutscher Philosoph.
25 Aristoteles, Poetik.

schichte erzählen soll und wo er ihre entscheidenden Momente platziert, damit sie größtmögliche Wirkung erzielen.

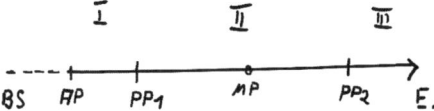

Aus der dreiteiligen Konstruktion ergeben sich gewisse Punkte, die zu beachten sind. Es sind vor allem die Übergänge von Akt I zu Akt II und von Akt II zu Akt III. Diese Punkte nennen wir PLOTPOINTS (PP1, PP2), es sind die großen Wendepunkte in der Geschichte, die Geschichte wendet sich jeweils dort.

Ein anderer wichtiger Punkt ist der AUSGANGSPUNKT (AP), der Punkt, an dem die Geschichte beginnt. Es ist ratsam, den Ausgangspunkt so nahe wie möglich am PP2 zu platzieren. Lange Vorreden langweilen, und das, worum es eigentlich geht, ereignet sich schließlich erst im 2. Akt. Aristoteles machte den Vorschlag, die Story *in medias res* zu beginnen.

Ab PlotPoint 1 bewegt sich die Geschichte zielgerichtet in Richtung auf das ENDE (E). Es gibt kaum eine Szene, die nicht direkt oder indirekt mit dem Ende zu tun hat. Deswegen muss das Ende unbedingt vor Beginn der Schreibarbeiten bekannt sein.

Fragen wir einen Literaten bei der Arbeit, wie seine Geschichte wohl ausgehen wird, kann es sein, dass er es gar nicht weiß. Er wird antworten, dass er selbst gespannt ist, wohin ihn seine Figuren bringen. Er kann so arbeiten, weil das, was er zu Papier bringt, eine epische Geschichte ist, die mehr in die Breite geht. Der Autor einer dramatischen Geschichte sollte das Ende aber kennen. Der gerade Weg der Person auf das Ziel hin ist schließlich eines der Kennzeichen dramatischer Geschichten.[26]

Am Ende sind alle, aber auch wirklich alle Fragen, die die Geschichte aufgeworfen hat, beantwortet. Je nachdem, wie viele das sind, wird der 3. Akt länger oder kürzer.

---

[26] Auf den Unterschied zwischen Epik und Dramatik werde ich später noch eingehen.

Der MITTELPUNKT (MP), auch der zentrale Punkt genannt, verbindet die erste Hälfte und die zweite Hälfte des 2. Akts. Dabei ist der Punkt kein Wendepunkt. Die Geschichte geht nicht in einer anderen Richtung weiter, das Ziel bleibt unbedingt erhalten! Was sich ändert, ist die Motivation der Person, das Ziel unbedingt erreichen zu müssen. Es gibt der Geschichte einen neuen Anstoß.

Am Mittelpunkt im Film *Erin Brockovich* (Steven Soderbergh, 2000) fährt die Kamera langsam auf das Gesicht von Julia Roberts, alias Erin Brockovich, zu. Dabei bemerkt der Zuschauer nicht nur, dass etwas in Erin vorgeht, sondern noch etwas: Plötzlich erkennt Erin, dass sie das, was sie tut, nämlich Belege für ein Fehlverhalten des Chemieriesen zu finden, nicht nur für sich macht, um Geld zu verdienen, sondern für all die betrogenen Anwohner des von dem Chemiewerk verseuchten Geländes. Ihr Ziel bleibt erhalten, sie hat aber eine ganz neue Motivation, es unbedingt erreichen zu müssen.

Manchmal ist der Mittelpunkt auch der Point of no Return. Die Person wird in eine Situation gebracht, aus der sie sich nicht mehr zurückziehen kann. Sie kann nur noch durch nach vorne gerichtetes Handeln den Ausweg finden.

Neu hinzu kommt noch das Auslösende Ereignis (AE), das jede dramatische Geschichte haben sollte.

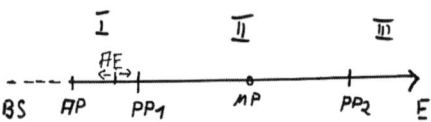

Zu Beginn der Story führt der Protagonist ein mehr oder weniger ausgeglichenes Leben. Dann tritt das Ereignis ein, wodurch sein Gleichgewicht gestört wird. Es wirft die Person aus der gewohnten Bahn und löst damit einen Wunsch nach etwas aus, von dem sie glaubt, dass es die Dinge wieder einrenken könnte. Dieser Wunsch ist das Ziel. Ob sie sich gleich auf den Weg macht, ihr Ziel zu erreichen oder erst noch zögert und der Fürsprache eines MENTORS bedarf, betrifft die Frage, ob das Auslösende Ereignis mit dem PlotPoint 1 gleichzusetzen ist oder ob das Auslösende Ereignis dem PlotPoint 1 vorausgeht. Beides ist möglich.

Der Mentor, der der Figur beiseite steht und sie berät, ist ein Wesen, das in vielen Geschichten vorkommt. In der antiken Mythologie war er eine Figur aus Homers *Odyssee*, es war der Berater von Odysseus' Sohn.

> Reitz-Melba hat einen guten und angesehenen Job in Bonn. Dann bekommt sie einen Auftrag aus Berlin. Da sie nicht weiß, wie sie ihn erledigen kann, wirft es sie aus der Bahn. Wieder so zu arbeiten wie vorher, ist ihr größter Wunsch. Auf Anraten einer der elektronischen Akten versucht sie, den Auftrag irgendwie trotzdem zu erledigen.

Das Auslösende Ereignis ereignet sich oft zufällig. Es ist der einzige ZUFALL, der sich in einer dramatischen Geschichte ereignen darf und gleichzeitig die Ursache der Story.

Weil sich das Auslösende Ereignis ereignet hat, tritt der Höhepunkt ein. *Weil* der weiße Hai (*Der weiße Hai*, Spielberg 1972) eine Schwimmerin getötet hat, wird der Sheriff den Hai in einem alles entscheidenden Kampf vernichten.

> Weil die in Bonn ansässige Akte Reitz-Melba den Auftrag aus dem Ministerium in Berlin bekommt, muss sie neue Wege beschreiten.

Die Vorgeschichte

Vor dem Ausgangspunkt liegt die VORGESCHICHTE, oder BACKSTORY (BS), die im Film aber nicht sichtbar ist, im Drehbuch also auch nicht explizit erwähnt wird. Natürlich spielt die Backstory trotzdem eine Rolle, oft hängt der Charakter der Hauptperson von dem in der Vorgeschichte Erlebten ab und damit auch seine Handlungsweise.

Keine Geschichte ohne Vorgeschichte.[27]

Der Autor sollte sich über die Vorgeschichte Gedanken machen. Viele Drehbuchtheoretiker empfehlen, sie aufzuschrei-

---

[27] Heinz-Gerd Jansen, Zimmerermeister.

ben. Ich behalte derartige Dinge lieber im Kopf, damit ich sie je nach den Bedürfnissen der sich entwickelnden Geschichte weiter formen kann. Würde ich sie notieren, könnte ich mich verpflichtet fühlen, sie als gegeben hinzunehmen und meine Geschichte darauf einzurichten. Für neue, womöglich bessere Ideen bliebe so kein Platz. Die Vorgeschichte der Personen müssen Sie immer vor Augen haben, wenn Sie sie agieren, dass heißt auf Konflikte reagieren lassen.

> Das bedeutende Ereignis in der Vorgeschichte der Akte Reitz-Melba war die Entscheidung zum Hauptstadtumzug.

Was der Leser, Zuschauer oder Zuhörer miterleben muss, ist, wie eine Figur reagiert und handelt. Der Verfasser muss außerdem aber wissen, warum sie es tut, und auch das muss er irgendwie klarmachen. Deswegen gibt es parallel zur Handlung in guten Geschichten immer eine Aufdeckung, womit die phasenweise ENTHÜLLUNG der Backstory gemeint ist.

Gute Geschichten werden also nicht durch HANDLUNG allein erzählt – es ist der Weg der Hauptperson auf das Ziel zu –, gute Geschichten fordern eine Mischung aus Handlung und ENTHÜLLUNG. Konkret wird die Person in der Geschichte im 2. Akt mit Konflikten konfrontiert. Je nachdem, wie sie auf sie reagiert und sie löst, lassen sich Rückschlüsse auf ihre Vorgeschichte ziehen.

In jedem Krimi ereignen sich die Dinge, die zum Verbrechen geführt haben in der Vergangenheit. Das Ziel des Kommissars ist es, die Vorgeschichte zu ermitteln. Indem er sie ermittelt, bewegt er sich in Richtung auf das Ziel zu.

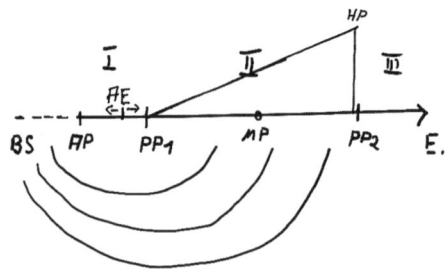

Summa summarum

Ganz egal, welche Geschichte Sie für welchen Zweck erzählen wollen, die Existenz der verschiedenen Punkte ist obligatorisch.

Alles in allem – es war nicht viel.[28]

Am Beispiel der Story der Akte Reitz-Melba möchte ich sie hier noch einmal demonstrieren.

BS (Back-Story): Die Entscheidung fällt, die Bundeshauptstadt Bonn zugunsten von Berlin aufzugeben.

AP: Reitz-Melba lebt ein angesehenes Dasein als Chefsekretärin eines Ministers in Bonn.

AE: Reitz-Melba bekommt einen Auftrag aus dem Ministerium in Berlin. Sie weiß nicht, wie sie über die Entfernung arbeiten soll.

PP1: Nach der Weigerung bekommt Reitz-Melba eine Rüge vom Kanzler. Sie muss sich auf den Weg machen, den Auftrag zu erledigen.

HP: Reitz-Melba will aufgeben.

PP2: Wider Erwarten schafft es Reitz-Melba doch. Sie ist über ihren Schatten gesprungen und hat die Hilfe der elektronischen Akten angenommen.

ENDE: Reitz-Melba lebt zufrieden in Gemeinschaft ihr neues digitales Leben.

Die Punkte, die sich aus der Dreiteilung der Story ergeben, zusammen mit der Dreiheit von Figur, Ziel und Konflikt, sind bei der Konstruktion einer dramatischen Geschichte ein Muss!

Beim Geschichtenerzählen geht es mehr um die Einhaltung von Regeln als um Genie und Schöpfertum. Die Idee vom freischaffenden Künstler bekommt einen herben Dämpfer. Dabei will ich gar nicht ausschließen, dass es Personen gibt,

---

[28] Theodor Fontane, 1819–1898, deutscher Schriftsteller, Journalist, Erzähler.

die perfekte Geschichten erzählen können, ohne je von Aristoteles oder irgendwelchen Regeln gehört zu haben. Sie haben das Geschichtenerzählen in den Genen. Sie erzählen die Geschichten genau so, wie sie abzugehen haben. Analysiert man die Geschichten danach, lässt sich erkennen, dass sie genau so funktionieren, wie es schulmäßiger nicht sein kann. Vielleicht können wir in diesen Fällen von Genie und Schöpfertum sprechen. All den anderen, denen das Geschichtenerzählen nicht in die Wiege gelegt worden ist, oder die das, was sie tun, reflektieren wollen, empfehle ich die Regeln. Um die Regeln anwenden zu können, müssen sie bekannt sein, das heißt, sie müssen erlernt werden.

Meinen Studenten fällt es manchmal schwer, die detaillierten Vorgaben einzusehen. Sie wollen ihre eigenen, ganz neuen Geschichten erzählen und keine alten Muster bedienen. So funktioniert es aber nicht! Wirksame Geschichten erzählen sich nicht beliebig. Wollen Sie ein Haus bauen, so können Sie, egal wie ungewöhnlich das Gebäude einmal werden soll, auch nicht auf das Fundament verzichten. Und das wird immer gleich gegossen, nach Vorgaben, die Jahrhunderte alt sind. Ob Sie darauf dann ein Reihenhaus oder eine Kathedrale bauen, hängt von Ihren Fähigkeiten und Möglichkeiten ab.

Wenn Sie sich bei einer Erzählung langweilen, wenn sie nicht unter die Haut geht, so liegt es zu 100 Prozent daran, dass den aristotelischen Forderungen nicht entsprochen worden ist! Es gibt sie, um eine Geschichte emotional und/oder spannend zu machen.

Sehen Sie sich einen x-beliebigen Film im Fernsehen an. Gefällt er Ihnen? Gefällt er Ihnen wirklich? Ist er unter die Haut gegangen? Wenn nicht, woran liegt es? Ist Ihnen die Hauptperson sympathisch? Lässt sich eine Hauptperson überhaupt ausmachen, das heißt, wissen Sie, wessen Geschichte erzählt wird? Was will die Person in der Geschichte erreichen? Ist es Ihnen klar? Und das Erreichen des Ziels, ist es schwierig? Gibt es Konflikte? Sind sie stark genug? Wenn sich eine der Fragen nicht eindeutig beantworten lässt, haben Sie wahrscheinlich den Grund entdeckt, warum der Film Sie nicht überzeugen konnte. Es ist wirklich so einfach.

Für Sie als Geschichtenerzähler ist es wichtig zu wissen, wie und warum eine Geschichte funktioniert oder eben nicht. Dazu benötigen Sie die dramatischen Grundregeln. Sie benutzen sie, um Ihre Geschichte zu konstruieren, eine bestehende Geschichte zu überprüfen oder zu vervollkommnen.

Synopsis

Jede dramatische Geschichte handelt von jemandem, mit dem wir ein gewisses Mitgefühl empfinden. Dieser Jemand will unbedingt etwas Bestimmtes erreichen. Das Bestimmte zu erreichen ist zwar möglich, aber schwierig. In einem Satz ausgedrückt: *Jemand will etwas unbedingt erreichen und hat Schwierigkeiten, es zu bekommen.*

Eine Geschichte, der die Dreiheit aus Held-Ziel-Konflikt zugrunde liegt, sollte zu jeder Zeit in drei kurzen Sätzen zusammengefasst werden können. Es entspricht den drei Akten, aus denen die Geschichte besteht. Jede Geschichte fängt irgendwie an, geht irgendwie weiter und endet irgendwie. Innerhalb der drei Teile existieren bestimmte Punkte, die helfen, die Geschichte zu strukturieren. Bevor Sie auch nur eine Zeile schreiben, machen Sie sich Gedanken über die Punkte.

Es empfiehlt sich, Menschen oder Lebewesen in den Vordergrund zu stellen, oder Dinge, die menschliche Eigenschaften angenommen haben. Nur so können Emotionen erzeugt werden, was die Bedingung dafür ist, dass der Zuschauer hoffen und bangen kann.

Akt III
Höhepunkt, Peripetie

Held oder Einzelschicksal

Ein Held erlebt Abenteuer, bei denen wir mitfiebern können. So eine Geschichte erzählt sich – könnte man meinen – wie von selbst. Wahrscheinlich wird deswegen so gerne auf den Archeplot zurückgegriffen.

> Wer den Alltag meistert, ist ein Held.[29]

Trendsetter im Erzählen von Heldengeschichten ist Red Bull mit dem wagemutigen Protagonisten Felix Baumgartner, der sich 2012 von der Stratosphäre aus auf die Erde fallen ließ. Wie bei der Mondlandung gibt es nahezu niemanden, der dieses Ereignis nicht verfolgt hätte – und es mit der Marke verbindet. Red Bull steht nicht nur für den „Traum vom Fliegen", es steht generell für „Energie".

Mit Lego-Steinen lassen sich Storys nachspielen – von *Star Wars* bis zu selbst erfundenen Geschichten. Mit einer eigenen StoryMaker-App kann man die eigenen Heldengeschichten sogar aufzeichnen. Anregungen gibt es durch Videos und den neuesten Lego-Film.

Auch mit dem iPad kann jeder dank einer App seine eigene Geschichte schaffen.

Volkswagen bewirbt den neuen Passat statt mit trockenen Fakten, wie Hubraum, Leistung oder Höchstgeschwindigkeit, mit Gefühlen. In dem Spot *The Force*, setzt das Unternehmen auf eine der größten Heldengeschichten des 20. Jahrhunderts und interpretiert sie humorvoll neu. Nach zahlreichen Enttäuschungen verfügt ein kleiner Junge im Darth-Vader-Kostüm dank Volkswagen plötzlich über ungeahnte Kräfte.

---

[29] Fjodor Michailowitsch Dostojewski, 1821–1881, russischer Dichter.

Es gibt aber auch alltägliche Helden, solche wie Erik, der mithilfe von Google Nexus 7 (und seiner Mutter) seine Angst vor einem Referat überwindet.

Wenn wir von der Person reden, die im Mittelpunkt einer dramatischen Geschichte steht, nennen wir sie generell nicht Hauptperson oder Protagonist, sondern HELD. Tatsächlich hat das aber nichts mit dem Abenteuergenre zu tun, in dem sich der Plot vielleicht abspielt, oder mit der Person, die sich als Abenteurer oder Kämpfer zu bewähren hat. Der „Held" ist in dramatischen Geschichten eine Metapher für die menschliche Natur.

Andere Publikationen von mir tragen den Beititel *Denn anders als das Leben, soll die Fiktion Sinn ergeben.*[30] Damit ist gemeint, dass es sich bei der fiktionalen Geschichte niemals um eine Kopie der Wirklichkeit mit all ihren Unwägbarkeiten und Zufällen handeln darf. Der Dramatiker baut sich seine eigene „Wirklichkeit" nach den Erfordernissen von Emotion und Spannung. Alles, was er benutzt, bekommt einen Sinn in der Geschichte. Viele Autoren, oder solche, die es werden möchten, haben jedoch Probleme, sich von der echten Wirklichkeit zu trennen. Es ist verlockend, Handlungen zu beschreiben, die aus dem realen Leben bekannt sind, genau so, wie sie sich im wirklichen Leben abspielen. Man spricht von Authentizität oder Realität, aber damit hat es nichts zu tun.

Nicht ganz schuldlos sind Drehbuchlehrer, die ihre Schüler dazu ermuntern, sich an Geschichten aus dem eigenen Leben oder aus dem Leben ihnen bekannter Personen zu orientieren, und Charaktere für ihre Filme zu wählen, die sie tatsächlich kennen. Dann kommt es zu genau solchen Situationen, wie ich sie schon oft erlebt habe: Ich lese das Drehbuch eines Studenten und wage anzumerken, dass es an der Spannung hapern könnte. Ich mache Vorschläge, wie man die Story aufpeppen kann. Meine Tipps beziehen sich auf die Hauptperson, die

---

[30] Exposé, Treatment, Drehbuch, Filmgeschichten und wie man sie schreibt.

einfach zu angepasst, zu gewöhnlich ist. Der Student weist meine Ratschläge voller Entrüstung zurück. Er kenne die Figur seiner Geschichte ganz genau, sagt er! Was ich vorgeschlagen habe, würde sie niemals tun!

Hat der Autor sich erst einmal auf eine Person fixiert und kennt er sie aus dem wahren Leben, fällt es ihm schwer, diese Person Dinge tun zu lassen, die gefährlich, vielleicht auch unanständig oder abstoßend sind. Oder er möchte die Person nicht in Situationen kommen zu lassen, die unheimlich, wenn nicht sogar grausam sind. Aber genau das ist es, was die Geschichte manchmal braucht, um Spannung und/oder Emotion zu erzeugen.

So wie der Geschichtenerzähler tatsächliche Ereignisse nicht kopieren darf, so darf er seine Figuren auch nicht in der Wirklichkeit suchen, sondern er baut sie aus Versatzstücken, von denen er glaubt, dass sie der Geschichte dienlich sein können und dass sie die Leser, Zuhörer oder Zuschauer interessieren könnten.

„Wir beobachten – doch es wäre ein Missgriff, das Leben direkt auf das Papier zu kopieren. ... Wir bauen Figuren aus Teilen, die wir gefunden haben. ... Wir suchen uns Stück für Stück Menschsein zusammen, grobe Brocken aus unserer Fantasie und Details aus der Beobachtung – wo immer wir sie finden – und fügen sie zu aus Widersprüchen bestehenden Dimensionen zusammen, die wir dann zu dem abrunden, was wir Figur nennen." Robert McKee nennt den Helden „Figur". Er sagt weiter: *„Eine Figur ist genauso wenig ein menschliches Wesen, wie die Venus von Milo eine echte Frau ist. Eine Figur ist ein Kunstwerk, eine Metapher für die menschliche Natur. Wir sprechen von Figuren, als seien sie echt, doch sie sind der Wirklichkeit überlegen."*[31]

Wir nennen die Hauptfigur einer Geschichte „Held" weil sie eine bewusst von der Wirklichkeit abgehobene Erscheinung ist, vom Autor neu erschaffen, um mit ihm dramatische Wirkungen hervorzurufen. Das Pendant zum Helden ist das EINZELSCHICKSAL, das im Dokumentarfilm Beachtung findet, wo es auf den Wahrheitsgehalt dessen, was erzählt wird, ankommt. Es sind zwei völlig verschiedene Paar Schuhe!

---

[31] Robert McKee, *Story.*

> Die Akte Reitz-Melba war niemals das Abbild einer wirklich existierenden Person, ich habe sie kreiert aus Versatzstücken, von denen ich annahm, dass sie meiner Intention gerecht würden und den Zuschauer für sich einnehmen könnten.

Die Behauptung, dass jeder Mensch ein Held sein kann, egal wie groß, wie stark, wie schön oder klug er ist, ist zudem eines der ältesten Mythen dramatischer Geschichten, aus denen sich vor allem Hollywoodfilme speisen.

Die Heldenreise

Die beste Bildung findet ein gescheiter Mensch auf Reisen.[32] Der Held steht in archetypischen Geschichten niemals für sich allein, er verfolgt ein Ziel und legt dabei einen Weg zurück. Dabei bekommt er es mit Konflikten zu tun, die er überwinden muss. Man kann auch sagen, dass der Held eine Art Reise unternimmt, seine ganz persönliche HELDENREISE. Dass es sich dabei tatsächlich um eine Tour oder einen Ausflug handeln kann, macht die Sache nochmals einfacher.

Bei der „Bosch World Experience 2014" reisen sechs Protagonisten zu insgesamt sechs Zielen auf drei Kontinenten, wo sie Bosch-Technik in Aktion erleben (z.B. die Steuerung der Tower Bridge in London). Über ihre Erlebnisse berichten sie in einer Blogumentary[33] und live über Social Media.

In den Videos zum Apple iPad Air begleiten wir die gehörlose US-Reisebloggerin Chérie King, die das Tablet auf ihren Reisen nutzt.

Bei Ikea wird ein simpler Klappstuhl zum Helden. Die Story handelt von einem rüstigen Rentner, der sich mit seinem Stuhl auf Weltreise macht.

Im Rahmen der answers-Kampagne bietet Siemens Filme an, die von namhaften Dokumentarfilmern gedreht wurden. Egal,

---

[32] Johann Wolfgang von Goethe, 1749–1832, deutscher Dichter der Klassik.
[33] Multimediales Reisetagebuch.

ob es sich dabei um Alzheimerforschung in Kolumbien oder um gemeinnützige Gärten in der New Yorker Bronx geht, die Menschen und ihre oft heldenhaften Reisen stehen im Vordergrund. Am Ende der Geschichten knüpft ein nüchterner Erklärtext die Brücke zum Unternehmen.

Die Zotter Schokoladen Manufaktur betreibt einen Blog, auf dem ein professioneller Weltenbummler seine Reise zu den Produktionsstätten der Rohstoffe dokumentiert.

Die Aufforderung zur Teilnahme an der Camel-Trophy oder die Bewerbung für das Marlboro-Abenteuerteam sind weitere typische Beispiele der Heldenreise.

Wie es sich beim Helden nicht um einen Abenteurer oder Kämpfer handeln muss, muss es sich bei der Heldenreise auch nicht um einen tatsächlichen Ausflug, eine Tour oder eine Expedition handeln. Der „Held" gehört zu den ältesten Mythen dramatischer Geschichten, mit „Heldenreise" bezeichnet man den speziellen archetypischen Aufbau einer Geschichte.

Die Heldenreise wird seit den Achtzigern des letzten Jahrhunderts als das Nonplusultra des Geschichtenerzählens angesehen. „Heldenreise" war lange Zeit *das* Buzzwort in der Medienbranche. Es wird seit einigen Jahren vom Wort „Storytelling" abgelöst. Das heißt nicht, dass sich hinter den Begriffen nur heiße Luft verbirgt. Sowohl die Heldenreise als auch Storytelling sind äußerst wichtige Hilfsmittel, wenn es um das Erzählen von Geschichten geht.

Die Heldenreise ist eine ganz bestimmte Aufgliederung der Struktur einer Geschichte. Der Grund, warum die Heldenreise derart gehypt wird, ist wohl in der Tatsache zu finden, dass sie vor gar nicht so langer Zeit aus der Taufe gehoben wurde. Da sich die anderen Theorien zum Geschichtenerzählen auf die griechische Antike zurückführen lassen, was sich nicht unbedingt mit dem fortschrittlichen Anspruch der Benutzer in Einklang bringen lässt, wurde in ihr die (Patent)-Lösung gesehen. Tatsächlich beruht aber auch die Heldenreise auf den Theorien, die vor über 2000 Jahren formuliert und niedergeschrieben worden sind.

Bevor ich auf die Heldenreise zu sprechen komme, ist es angebracht, Ihnen zu zeigen, welche Möglichkeiten es überhaupt gibt, eine Geschichte zu gliedern. Denn nur die wenigsten Geschichten geben sich mit drei Teilen zufrieden.

Akt, Sequenz, Szene

Dreieck: eine nur in der Mathematik harmlose Konstruktion.[34] Wie Sie wahrscheinlich längst bemerkt haben, hat die Zahl „3" in der Dramaturgie eine herausragende Bedeutung. Wir erzählen die Geschichte nicht nur in drei Teilen, wir gehen auch von der Dreiheit von Held, Ziel und Konflikt aus. Bei den Konflikten unterscheiden wir den inneren Konflikt vom persönlichen und außerpersönlichen Konflikt. Die Spannung untergliedern wir in Dramatische Ironie, Geheimnis und Spannung an sich und bei der Sympathievergabe wählen wir zwischen Identifikation, Sympathie und Empathie.

Inzwischen sollten wir aber bereit sein, zumindest bei den drei Akten eine kleinteiligere Struktur einer Geschichte ins Auge zu fassen. Die Richtung in eine immer detailliertere Aufgliederung entspricht dabei der Arbeitsweise: Wir beginnen mit der groben Konstruktion der Story und verfeinern sie mit jedem Schritt.

Lassen Sie mich erneut den Gedanken zitieren, von dem ich nicht mehr weiß, ob sie von meinem Lehrer Frank Daniel oder von dessen Meisterschüler David Howard ist.

> Jemand will etwas unbedingt erreichen und hat Schwierigkeiten, es zu bekommen.

Es ist die kürzeste und einfachste Beschreibung dessen, was in einer Geschichte vor sich geht. Sie entspricht der Konstruktion mit drei Akten.

---

[34] Verfasser unbekannt.

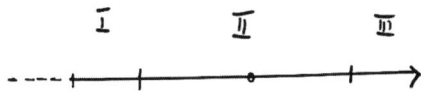

Ich denke, jetzt sollten Sie bereit für eine etwas ausführlichere Beschreibung sein.

> Der Held verlässt die ihm vertraute Welt, wird Prüfungen unterzogen, trifft auf Freunde und Feinde, unterliegt zuerst und kehrt am Ende aber siegreich und gestärkt zurück.

Diese Formulierung entspricht der Konstruktion mit fünf Akten. Wir kennen sie von den Dramatikern – Goethe, Schiller, Lessing. Sie bietet vier bis fünf Übergänge, an denen etwas Besonderes passieren könnte oder sollte.

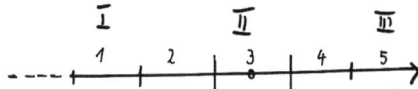

Es gibt auch die Möglichkeit, die drei Akte in acht Sequenzen aufzuteilen.

Eine SEQUENZ ist eine Einheit, die eine abgeschlossene Handlung beschreibt. Innerhalb der bekannten Drei-Akt-Struktur beschreiben wir also (mindestens) acht Handlungsstränge. Da immer, wenn ein Handlungsstrang beendet wird, etwas Besonderes passieren sollte, haben wir also acht Punkte in der Geschichte, an denen sich etwas ereignet. Man nennt die Punkte UMSCHLAGSPUNKTE.

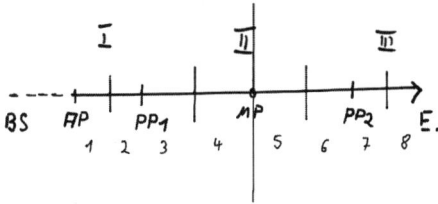

Eine Sequenz besteht wiederum aus mehreren Szenen. Unter einer SZENE wird sowohl ein Teil eines Theaterstücks wie auch der Abschnitt eines Films verstanden. Volkskundler verstehen unter der Szene zudem ein soziales Milieu. Hier geht es natürlich um die Szene als kleinem, relativ abgeschlossenem Teil einer Geschichte, speziell einer Filmgeschichte.

Die Szene ist definiert durch das Raum-Zeit-Gefüge. Gibt es einen Zeitsprung oder einen Ortswechsel, so fängt eine neue Szene an. Jede Szene endet mit einem DRAMATISCHEN MOMENT.

Die Frage ist, was diese Staffelung in immer kleinere Einheiten bringt. Die Antwort heißt Abwechslung! Von zwei WENDE-PUNKTEN im dreiteiligen Exposé bewegen wir uns zu einer deutlich größeren Menge an UMSCHLAGSPUNKTEN, um von dort aus zu einer nochmals größeren Menge an DRAMA-TISCHEN MOMENTEN im fertigen Drehbuch oder in der fertigen Geschichte zu kommen. An jedem Wendepunkt sollte etwas Grundsätzliches passieren, an jedem dramatischen Moment oder Umschlagspunkt etwas Überraschendes oder Spannendes.

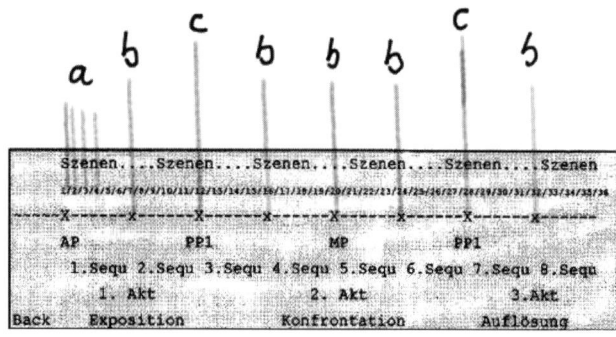

a = Szenen/dramatischer Moment
b = Sequenzen/Umschlagspunkt
c = Akte/Wendepunkt

Je mehr Überarbeitungen eine Geschichte erfährt, desto kleinteiliger, sprich abwechslungsreicher, sollte sie geschrieben oder erzählt werden. Wie viele Akte, Sequenzen, Szenen oder Stationen Ihre Geschichte einmal haben wird, liegt an Ihnen und natürlich an Ihrem Stoff. Manche Geschichten, vor allem solche, deren Würze in der Kürze liegt, wie bei Reden oder Werbefilmen, sind mit drei Teilen zufrieden. Andere Geschichten lassen sich in mehrere Etappen aufgliedern.

Der Weg beginnt hier

Drücken wir unsere Geschichte nochmals detaillierter aus, könnte sie so abgehen:

> Der Weg ist das Ziel.[35]

> Den Helden der Geschichte, der oft mit einem Mangel behaftet ist, ereilt ein Ruf. Nur widerwillig macht er sich auf den Weg. Er trifft Freunde und Feinde, durchlebt Prüfungen und Abenteuer; sein Wille wird gefestigt. Schließlich muss er ein alles entscheidendes Abenteuer durchleben, besteht und erlangt die ersehnte Belohnung. Verändert und gefestigt macht er sich auf den Heimweg. Zurückgekehrt ist er ein anderer geworden.

Geschichten, die grob derart aufgebaut sind, werden Archeplot, Monomythos oder Heldenreise genannt.

In seinem Buch *Die Odyssee des Drehbuchschreibers* nennt Christopher Vogler[36] die Bauelemente, aus denen eine Geschichte besteht, nicht mehr Sequenzen, sondern STATIONEN. Er beruft sich auf den Mythenforscher Joseph Campbell (1904–1987), auf den die Erforschung der Heldenreise zurückgeht. Der lässt den Helden zwölf Stationen passieren. Dabei bestreitet er die 3-Akt-Struktur nicht. Auch bei ihm muss der Held seine vertraute Welt zunächst verlassen (Trennung), dann in einer fantastischen Welt verschiedene Prüfungen bestehen (Initiation[37]), um schließlich als „neuer" Mensch in die alte Welt zurückzukehren (Rückkehr).

---

[35] Konfuzius, 551–479, chinesischer Philosoph.
[36] Christopher Vogler, amerikanischer Drehbuchautor und Publizist. Er schrieb *Die Odyssee des Drehbuchschreibers – Über die mythologischen Grundmuster des amerikanischen Erfolgskinos*, Zweitausendeins, 1997.
[37] Initiation wird der Übergang von einer Lebensstufe zur nächsten genannt.

Innerhalb der hinlänglich bekannten Dreiteilung lässt sich der Verlauf in folgende zwölf Stationen unterteilen:

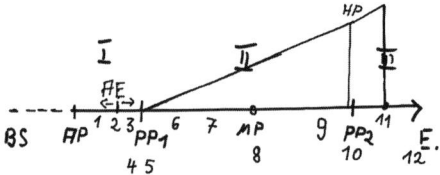

TRENNUNG/EXPOSITION/1. AKT

1. GEWOHNTE WELT –– Zunächst wird die gewohnte Welt des Helden gezeigt.
2. RUF DES ABENTEUERS –– Der Ruf zum Abenteuer erfolgt, sobald der Held mit einem Problem konfrontiert oder vor eine Herausforderung gestellt wird. Es ist dem auslösenden Ereignis gleichzusetzen.
3. WEIGERUNG –– Die erste Reaktion auf den Ruf ist zunächst einmal die Weigerung des Helden. Er ist zu bequem, er hat keine Lust oder er hat Angst. Wieso soll er sich bewegen?
4. MENTOR –– Der Held muss angeschubst werden, entweder durch neue Umstände oder, was wahrscheinlicher ist, durch eine Person. Es ist der Mentor. Der redet ihm zu und ermuntert ihn, sein Zögern zu überwinden und sich auf die Reise zu begeben. Er lockt mit dem Elixier, der Belohnung.

PlotPoint 1

INITITATION/KONFRONTATION/2. AKT

5. ERSTE SCHWELLE –– Der Held macht sich auf die Reise. Es ist der PlotPoint 1, der erste große Wendepunkt in der Geschichte. Ab jetzt ist die Richtung vorgegeben.
6. PROBEN, VERBÜNDETE UND FEINDE –– Der Held gewinnt auf seinem Weg Freunde, die ihn unterstützen, es tauchen aber auch Feinde auf, die ihn behindern. Der Held muss erste Bewährungsproben bestehen.
7. VORDRINGEN ZUR TIEFSTEN HÖHLE –– Der Held kommt seinem Ziel merklich näher. Der Konflikt an dieser Stelle kann die direkte Konfrontation mit dem Widersacher

sein, dem Antagonisten. Die Spannung, die sich bis hierher kontinuierlich gesteigert hat, erhöht sich weiter.

Mittelpunkt

8. ENTSCHEIDENDE PRÜFUNG –– Die Motivation des Helden bekommt einen neuen Auftrieb, sodass er die zweite Hälfte des Weges nochmals gestärkt angehen kann. Diese Stelle ist dem Mittelpunkt gleichzusetzen. Oft gibt es ab hier für den Helden kein Zurück mehr, es ist gleichzeitig der *point of no return*.

9. BELOHNUNG –– Nachdem der Held nochmals höhere Barrieren überwunden hat, die Konflikte sich weiter zugespitzt haben und er dabei in existenzielle Not oder sogar in Todesgefahr geraten ist, kommt der Held schließlich am Ziel an. Er kann seine Belohnung entgegennehmen.

PlotPoint 2

RÜCKKEHR/AUFLÖSUNG/3. AKT

10. RÜCKWEG –– Mit der Belohnung macht er sich auf den Rückweg. Es ist der PlotPoint 2, der zweite große Wendepunkt der Geschichte. Allerdings haben wir uns zu früh gefreut. So ganz ist die Gefahr nämlich noch nicht überwunden.

Höhepunkt

11. AUFERSTEHUNG – Der Gegner steht im 3. Akt wieder auf und holt zum alles entscheidenden Schlag aus. Es kommt erneut zum Kampf, der all das bisher Erreichte umkehren kann. Die Spitze der Spannungskurve kommt an diesem Punkt zum höchsten Stand. Erst wenn dieser erneute Konflikt gemeistert ist, können wir davon ausgehen, dass der Held sein Ziel auch wirklich erreicht hat. Er kann endgültig den Rückweg antreten.

12. RÜCKKEHR MIT DEM ELIXIER – Nachdem der Held zurückgekehrt ist, kann der Leser, Zuhörer oder Zuschauer vergleichen, wie der Held sein Leben im 1. Akt „gemeistert" hat, in der gewohnten Welt also, und wie es ihm

jetzt geht, nachdem er so viele Abenteuer überstanden hat. Hat er sich verändert? Das Elixier war der Grund für seine Reise, dabei kann es sich um einen Schatz handeln (Abenteuerfilm), um eine Person (Liebesfilm), einen Verbrecher (Krimi) oder um ein Produkt (Werbefilm). Es ist die Belohnung für all seine Mühen.[38]

Christopher Vogler betont, dass es sich bei diesem Grundgerüst nur um einen Leitfaden handelt, das heißt, die Reihenfolge der Stationen muss nicht zwingend eingehalten werden, auch nicht die Anzahl. Jedes Element der Reise des Helden kann überall auftauchen. Eine Aufeinanderfolge ist nur so weit zwingend, als dass jede Station, die der Held passiert, ihm entweder auf dem Weg zum Ziel nützt oder ihn zurückwirft, das heißt, der Kontakt zum Ziel bleibt immer erhalten. Genau das ist Voraussetzung einer dramatischen Geschichte, die auf ein Ziel ausgerichtet ist.

Es ist auffällig, dass die Heldenreise den 1. Akt (ausgehend von der 3-Aktigen Konstruktion) in gleich 4 Stationen unterteilt, außerdem geht die Heldenreise von der Existenz einer erneuten Umkehrung im 3. Akt aus. Da wendet sich nochmals sehr nachhaltig die Geschichte. Die Unterteilung im 1. Akt mag darauf zurückzuführen sein, dass die Heldenreise ursprünglich aus russischen Volksmärchen hergeleitet wurde. Von da ab gelangte sie nach Hollywood, wo sie für Märchen- und Fantasyfilme inzwischen ein Muss ist. Der Beginn einer Geschichte im Fantasy-Genre ist oft sehr ausführlich, um die Leser, Zuhörer oder Zuschauer mit dem besonderen Milieu und den besonderen Charakteren des Märchens bekannt zu machen. Daher die Vierteilung.

Eine Unterteilung des 3. Aktes in zwei Hälften gab es schon im antiken Drama. Es war der *„Deus ex Machina"*-Effekt („Gott aus der Maschine"-Effekt), womit eine Figur, manchmal auch ein Ereignis, bezeichnet wurde, die oder das eine überraschende Wendung herbeiführte. Ist in der dramatischen Geschichte

---

[38] Die Formulierung der einzelnen Stationen ist dem Buch zur Heldenreise von Christopher Vogler entnommen.

am PlotPoint 2 das Ziel nicht erreicht, kann das Blatt noch gewendet werden. Oder glaubt der Held die Konflikte mit dem Erreichen des Zieles überwunden zu haben, holen die Gegner ihn nochmals ein und fordern ihn in der Mitte des 3. Aktes zum alles entscheidenden Kampf heraus. Der Höhepunkt liegt bei dieser Konstruktion nicht mehr kurz vor dem PlotPoint 2, sondern in der Mitte des 3. Aktes, wo es zur alles entscheidenden Schlacht kommt. Gerne ereignet sich dort auch die PERIPETIE, was so viel wie Umkehrung heißt.[39] Dank der Peripetie ist es möglich, einen unbefriedigenden Ausgang am PlotPoint 1 in eine gefälligere Variante umzudeuten. Auch der umgekehrte Weg ist möglich.

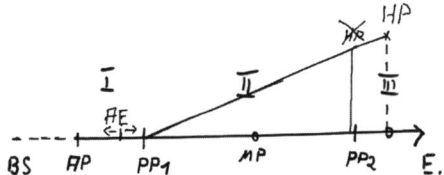

Ähnlich der Peripetie ist der TWIST. Er bezeichnet die überraschende Wendung in der Geschichte und steht für das Unerwartete in der Erzählstruktur. Der Twist hat Gemeinsamkeiten mit der POINTE, womit ein geplanter (Schluss)-Effekt gemeint ist. Die Pointe verfolgt ein klares Ziel und entfaltet ihre Wirkung am absoluten Ende durch eine unerwartete Auflösung. In Werbefilmen sind der Twist oder die Pointe beliebte Mittel.

Beispiele für die Heldenreise

Auf die Geschichte mit der Akte Reitz-Melba bezogen ereignen sich die Stationen wie folgt:

Ein gutes Beispiel ist der beste Lehrmeister.[40]

Gewohnte Welt -- Reitz-Melba lebt ein angesehenes Dasein als Chefsekretärin eines Ministers in Bonn.

---

[39] Im klassischen Drama, das von fünf Akten ausgeht, liegt die Peripetie in der Mitte des 3. Akts; Die Stelle ist auch in ihrer Bedeutung vergleichbar mit dem Mittelpunkt.
[40] Deutsches Sprichwort.

RUF DES ABENTEUERS -- Reitz-Melba bekommt einen Auftrag aus dem Ministerium in Berlin. Sie weiß nicht, wie sie über die Entfernung arbeiten soll.

WEIGERUNG -- Reitz-Melba weigert sich, ihr Büro zu verlassen.

MENTOR -- Die elektronischen Akten auf den Computerbildschirmen bieten der Akte ihre Hilfe an.

ERSTE SCHWELLE -- Reitz-Melba bekommt eine Rüge vom Kanzler. Sie muss sich auf den Weg machen, den Auftrag zu erledigen.

PROBEN, VERBÜNDETE UND FEINDE -- Reitz-Melba versucht es mit ihren Mitteln, kommt aber nicht weiter. Wieder bieten die elektronischen Akten ihre Mithilfe an.

VORDRINGEN ZUR TIEFSTEN HÖHLE -- Reitz-Melba kann nicht über ihren Schatten springen.

ENTSCHEIDENDE PRÜFUNG -- Reitz-Melba will aufgeben, entschließt sich dann aber doch, die Hilfe der jüngeren Kollegen anzunehmen.

BELOHNUNG -- Wider Erwarten schafft es Reitz-Melba.

RÜCKWEG -- Reitz-Melba lebt zufrieden in Gemeinschaft ihr neues digitales Leben.

In dieser Geschichte gibt es keine Peripetie und auch keinen Twist. Deswegen ist die Story nach 10 Stationen schon zu Ende. Da es sich um einen Film von nicht mehr als 12 Minuten Länge handelt, sind auch die Stationen 6,7 und 8 kurz gehalten. Auch das ist erlaubt.

Nike und Adidas machen gerne mit ausgefallenen Werbekampagnen auf sich aufmerksam, wobei sie sich gegenseitig zu übertreffen versuchen. Vielleicht liegt es am Sportmilieu, dass auch sie sich in ihren Geschichten oft und gerne nach der Heldenreise richten.

In der Kampagne „Find Your Greatness" setzt sich Nike bewusst von seinem Konkurrenten ab, indem nicht Olympioniken die Helden sind, sondern unbekannte Wettkämpfer. *„Größe ist nicht reserviert für wenige Auserwählte in einer einzigen Stadt. Größe ist da, wo jemand versucht, sie zu finden"*, erklärte Nike auf

YouTube. Jeder kann ein Held sein! Die Kampagne wird durch das weltweite Hashtag #findgreatness auf Twitter ergänzt. Dort sollen Sportler auf dem ganzen Globus ihre persönlichen Erfolgsmomente teilen.

Der dazugehörige Clip erzählt folgende Heldengeschichte:

1 – GEWOHNTE WELT – There are no grand celebrations here. No speeches. No bright lights.
2 – RUF ZUM ABENTEUER – But there are great athletes.
3 – VERWEIGERUNG DES RUFS – Somehow we've come to believe that greatness is reserved for the chosen few, for the superstars.
4 – BEGEGNUNG MIT DEM MENTOR – The truth is: Greatness is for all of us.
5 – ÜBERSCHREITEN DER 1. SCHWELLE – This is not about lowering expectations, it's about raising them for every last one of us.
6 – BEWÄHRUNGSPROBEN, VERBÜNDETE, FEINDE – Because greatness is not in one special place …
7 – VORDRINGEN IN DIE TIEFSTE HÖHLE – … and it is not in one special person.
8 – ENTSCHEIDENDE PRÜFUNG – Greatness is wherever somebody is trying to find it.
9 – BELOHNUNG UND RÜCKWEG – Am Ende springt ein kleiner Junge vom 10-Meter-Turm.[41]

Ähnlich geschickt ging Nike mit einer Film-Trilogie zur Fußball-WM 2014 an den Start. Erzählt wurden moderne Heldenreisen mit großem emotionalen Identifikationspotenzial. Die Stars, die diesmal die Helden waren, zweifelten an sich und hatten Angst, den von ihren Fans an sie gestellten Erwartungen nicht gerecht zu werden. Oder sie verloren allen Mut, um am Ende aber erstarkt als Team zurückzukommen.

Jeder kennt dieses Gefühl der Machtlosigkeit oder des Selbstzweifels. Das Identifikationspotenzial wurde gewahrt. Nike wies einen Weg heraus aus der Krise.

---

[41] Entnommen aus: storytellingmasterclass.de von Uwe Walter.

Die Entwicklung des Helden

In der Behauptung einer großen Sache ... bildet sich der Held.[42] Wenn der Held die Geschichte in bis zu zwölf Stationen durchlebt und wir annehmen können, dass er sich dabei verändert, so sollte sich die Wandlung parallel zu den Stationen vollziehen:

1. BEGRENZTE EINSICHT in das Problem = Alltagswelt
2. ERHÖHTE EINSICHT = Ruf des Abenteuers
3. ABWEHR = Ablehnung des Rufs
4. ABWEHR ÜBERWINDEN = Treffen des Mentors
5. BEREITSCHAFT, SICH ZU ÄNDERN = Erste Schwelle
6. DIE VERÄNDERUNG AUSPROBIEREN = Prüfungen, Verbündete, Feinde
7. DIE GROSSE VERÄNDERUNG ANGEHEN = Annäherung an die Gefahr
8. DIE GROSSE VERÄNDERUNG SCHAFFEN = In der Höhle des Löwen
9. AUSWIRKUNGEN DER VERÄNDERUNG = Belohnung
10. EINSICHT IN DAUERNDE VERÄNDERUNG = Rückweg
11. LETZTE KRAFTANSTRENGUNG = Auferstehung
12. BEHERRSCHUNG DES PROBLEMS; DIE LEHRE = Elixier[43]

Tatsächlich muss sich der Held nicht immer wandeln. Er kann stattdessen auch als Katalysator fungieren, und eine Person in seiner Nähe entwickelt sich. Wann das eine und wann das andere eintritt, hängt vom Charakter des Helden ab und natürlich vom Genre.

> Reitz-Melba wollte sich zuerst ihre eigenen Fehler nicht eingestehen, zeigte dann aber Bereitschaft, sich zu ändern. Schließlich wandelte sie sich und zog aus all dem eine Lehre.

---

[42] Leopold von Ranke, 1795–1886, Berliner Historiker.
[43] Die Formulierung der einzelnen Stationen ist dem Buch zur Heldenreise von Christopher Vogler entnommen.

Lassen Sie mich der Vollständigkeit halber kurz noch auf weitere Figuren zu sprechen kommen. Die Heldenreise bietet uns nämlich nicht nur ein System an, wie eine Geschichte nach vorherbestimmten Mustern aufzubauen ist, sie schlägt uns darüber hinaus die Figuren vor, die zu jeder Geschichte passen und deswegen auch in jeder Geschichte auftauchen könnten, aber nicht müssen. Natürlich werden Geschichten für die Wirtschaft und Werbung eher selten mit einer großen Personenvielfalt aufwarten, aber der ein oder andere zusätzliche Akteur kann zur Auflockerung einer Geschichte durchaus nützlich sein. Da bietet die Heldenreise eine gute Auswahl an.

Der MENTOR wurde schon erwähnt. Es ist eine zumeist positive Figur, die den Helden ausbildet und unterstützt. Eigentlich kann es jeder sein – der Ehemann, die Ehefrau, das Kind, der Briefträger, sogar der Haushund. Die Funktion des Mentors ist, dem Helden zu helfen, seine Angst, seine Bequemlichkeit, sein Zögern zu überwinden. Die Rolle des Mentors kann von mehreren Figuren übernommen werden, die auch noch andere Funktionen erfüllen.

Der SCHWELLENHÜTER ist ein Konflikt auf der Reise des Helden, der zunächst unüberwindbar anmutet, dann aber doch umgangen werden kann (muss). Laut Vogler kann der Schwellenhüter sogar umgepolt und zu einem Verbündeten gemacht werden.

Der HEROLD überbringt den Ruf zum Abenteuer. So gesehen könnte es der Postbote sein. Ähnlich dem Mentor wirkt er motivierend, stellt den Helden vor die Herausforderung und bringt damit die Geschichte in Gang. Üblicherweise tritt er im 1. Akt der Geschichte auf.

Der GESTALTWANDLER stellt als geheimnisvolle Gestalt den Helden vor ein Rätsel. Oft spielt hier das Spannungsmittel Geheimnis eine Rolle. Der Gestaltwandler weiß etwas, das sowohl der Leser, Zuhörer oder Zuschauer als auch der Held nicht weiß.

Der SCHATTEN steht für die Kräfte der Nachtseite. Es können unterdrückte Eigenschaften des Protagonisten sein, er hat also mit dem inneren Konflikt zu tun. Es kann auch eine Charakterschwäche des Helden sein, die ihren Ursprung vielleicht in der Vorgeschichte hat. Die dramaturgische Funktion des Schattens ist es, den Helden nach der Überwindung gestärkt wieder auferstehen zu lassen.

Die Funktion des TRICKSERS oder Schelms ist es, für komische Momente der Entspannung zu sorgen. Er macht auf die Absurdität einer überspannten Situation aufmerksam und wirkt so erlösend.[44]

Die Archetypen, wie sie auch genannt werden, können an verschiedenen Orten der 12 Reisestationen des Helden auftauchen und das gleich mehrmals. Wie erwähnt müssen nicht immer alle Typen Verwendung finden, wohingegen eine Person auch mehrere Typen besetzen kann. Man kann die Aufzählung als Anregung betrachten, die Geschichte mit Gestalten zu „füllen" und deren Eigenschaften zu nutzen. Vielleicht kommen Sie auch auf ganz neue Ideen, wie die Geschichte mit weiteren Personen ablaufen könnte. Mir geht es regelmäßig so. Lohnend könnte auf alle Fälle der Trickser sein, der für den Humor in der Geschichte verantwortlich ist. Lachen kommt immer gut an.

Es sind allgemeingültig funktionierende Konstellationen, die wir mit der Heldenreise im Nachhinein überprüfen können, oder wir können die Geschichte anhand der Heldenreise verbessern oder sogar konstruieren.

Ob wir bei der Erschaffung unserer Geschichte die Heldenreise zugrunde legen, oder das Schema mit drei Akten und acht Sequenzen, oder ob wir die Geschichte nach den klassischen Regeln in fünf Akten schreiben, bleibt uns überlassen. Sicher ist es auch abhängig vom angestrebten Stil der Geschichte.

Ich konstruiere meine Geschichten meist in acht Sequenzen, was vielleicht daran liegt, dass ich meine ersten Storys schon geschrieben habe, als die Heldenreise allenfalls als Geheimtipp existierte. Jetzt ist diese achtteilige Anlage bei mir in Fleisch

---

[44] Die Formulierung der Typen ist dem Buch zur Heldenreise von Christopher Vogler entnommen.

und Blut übergegangen. Die Heldenreise nehme ich, um die Anlage der Geschichte zu kontrollieren und gegebenenfalls zu verbessern.

In der fertigen Geschichte, die unzählige Überarbeitungen erlebt hat, muss die Form nicht mehr unbedingt erkennbar sein. Um welche Art der Unterteilung es sich handelt, wird allenfalls bei einer ausführlichen Analyse herauszubekommen sein. Das ist auch gut so. Die Einteilung ist eine Hilfe für die Erschaffung der Geschichte. Später werden Handlungsblöcke verschoben, womit die Struktur verwischt wird, was aber nichts ausmacht. Eine gut gebaute, funktionierende Geschichte bleibt eine funktionierende Geschichte, auch wenn sich die Reihenfolge der Handlungen verschiebt.

Synopsis

So wie der Geschichtenerzähler tatsächliche Ereignisse nicht einfach nur kopieren darf, so darf er seine Figuren auch nicht in der Wirklichkeit suchen. Er baut sich seine eigenen Helden aus Versatzstücken, von denen er glaubt, dass sie der Geschichte dienlich sein können und dass sie die Leser, Zuhörer oder Zuschauer interessieren könnten.

Derart erschaffene Figuren schickt der Geschichtenerzähler auf eine Reise – die Heldenreise. Dabei muss es sich nicht um eine tatsächliche Reise handeln. Heldenreise wird der archetypische Aufbau einer Geschichte genannt, womit eine ganz bestimmte Strukturierung bezeichnet wird. Der Held durchlebt zwölf Stationen, in denen er bestimmten Personen begegnet, die ihn auf seinem Weg unterstützen oder behindern. Dabei entwickelt sich der Held.

Akt IV
Retardierendes Moment

Das Retardierende Moment bezeichnet im 5-aktigen Handlungsverlauf eines Dramas eine Begebenheit, die nach dem Höhe- und Wendepunkt das Ende der dramatischen Handlung hinauszögert. Dadurch steigt die Spannung an. Über die Spannung, und wie sie erzeugt wird, habe ich bislang nur wenig geschrieben. Das will ich nachholen. Vor allem aber gibt es Variationen im Erzählen von Geschichten, die sich besonders gut auf die Belange von Wirtschaft und Werbung beziehen lassen. Auch dem will ich vor dem Schluss Beachtung schenken.

Spannung

In Geschichten geht es darum, den Zuschauer zu beteiligen. Er soll dazu gebracht werden, zu hoffen oder zu bangen. Er soll

> *Das Warten auf etwas Schönes erzeugt positive Spannung und Gefühle.*[45]

hoffen, dass der handelnden Person etwas nicht passiert und bangen, dass es vielleicht doch geschieht. Der Forderung habe ich bereits ein ganzes Kapitel gewidmet. Erste Voraussetzung für diese Art der Anteilnahme ist, dass die Geschichten von Menschen oder menschenähnlichen Wesen handeln, von Personen also, die zur Identifikation anregen, die sympathisch sind oder zumindest Empathie erzeugen. Es sollten keine real existierenden Gestalten sein, sondern Personen, die wir uns nach unseren Vorstellungen „bauen". Wir haben sie „Held" genannt.

Der Held versucht etwas unbedingt zu erreichen und hat Schwierigkeiten, es zu bekommen. Der erste Trick, Spannung aufzubauen, besteht darin, das Ende möglichst lange offen zu halten. Wir sprechen von ZIELSPANNUNG.

---

[45] Lily Braun, 1865–1916, deutsche Frauenrechtlerin.

In einem Hornbach-Spot geht es um die Demontage eines Panzers. Wie sich jeder vorstellen kann, macht es viel Arbeit und es sind viele Konflikte zu überwinden. Hinzu kommt, dass Personen im Film auftauchen, die dem Vorhaben nicht positiv gegenüberstehen. Es wird geschweißt, gehämmert, gegossen – wozu der ganze Aufwand dient, wird aber erst ganz am Schluss aufgedeckt. Der Zuschauer wird über das Ziel im Unklaren gelassen, was Spannung erzeugt. Alternativ kann das Ziel auch feststehen und die Frage ist, ob der Held es erreicht.

So oder so hängt die Spannung ab von der Informationsvergabe.

Die *journalistischen Ws* bekommt jeder, der journalistisch arbeiten will, in den entsprechenden Schulen oder Universitäten eingetrichtert: *wer, was, wo, wann, wie, warum, woher?* Es ist eine Hilfestellung. Ebenso strikt sollte man es in den Einrichtungen, in denen Dramaturgie, Drehbuch und Storytelling geschult wird, mit den Spannungs-Ws halten: *wer-weiß-was-wann?*

Entweder der Leser, der Zuhörer oder der Zuschauer weiß nicht, was passiert, und ist gespannt, wie sich eine Situation entwickelt, oder der Held oder einer seiner Mitspieler sind unwissend, der Leser, der Zuhörer oder der Zuschauer weiß aber Bescheid. Es gibt den Helden der Geschichte und seine Mitspieler auf der einen und den Leser, den Zuhörer oder den Zuschauer auf der anderen Seite.

Wir unterschieden drei verschiedene Typen der Spannungsvergabe.

1. Besitzt das Publikum gegenüber den handelnden Figuren einen Informationsvorsprung, kann es mitleiden, weil es weiß oder ahnt, was der Figur geschehen kann. Wir nennen das DRAMATISCHE IRONIE. Der Ausdruck kommt aus dem Theater und bezeichnet auch dort den Wissensvorsprung des Zuschauers vor der Dramenfigur.
2. Besitzt die handelnde Figur einen Informationsvorsprung, kann der Leser, der Zuhörer oder der Zuschauer weniger voraussehen. Er ahnt aber, dass die Figur etwas weiß, und er will wissen, was es ist. Wir nennen das GEHEIMNIS.
3. Bei gleichlaufender Informiertheit erfährt der Leser, der Zuhörer oder der Zuschauer ebenso viel wie die handelnde Hauptperson und durchlebt gemeinsam mit ihm die gesam-

te Narration. Der Leser, der Zuhörer oder der Zuschauer ist gespannt, wie es ausgeht. Es ist die SPANNUNG an sich.

Alfred Hitchcock beschreibt die verschiedenen Spannungsformen in ihrer Anwendung. Er bedient sich dabei dem Beispiel der Bombe unter dem Tisch. Bei der dramatischen Ironie weiß der Zuschauer von der Bombe – die Kamera fährt immer mal wieder unter den Tisch, wo ein schwarzer Kasten hängt mit einer Digitalanzeige, dessen Zahlen gegen Null streben, die Akteure wissen es aber nicht. Der Zuschauer kann hoffen, dass sich der Akteur noch rechtzeitig in Sicherheit bringt, und darum bangen, dass er es womöglich nicht schafft. Wenn der sympathische Held aufsteht, um auf die Toilette zu gehen, ist der Zuschauer erleichtert, dass er aus der Schusslinie ist. Wenn er dann aber wiederkommt und sich erneut hinsetzt, ist der Zuschauer entsetzt. Wir kennen dieses Mittel schon aus dem Kasperletheater. Als Kinder wurden wir schier verrückt, wenn der Kasper an der Bühnenrampe seine Späße machte und dabei nicht mitbekam, dass sich hinter seinem Rücken das Krokodil anschlich.

Beim Geheimnis weiß zumindest ein Akteur von der Bombe, und der Zuschauer merkt, dass er etwas weiß, es aber verheimlicht. Wenn der Akteur nervös ist und sich entsprechend benimmt – er verwechselt die Karten oder verpasst seinen Einsatz – ahnt der Zuschauer, dass er nicht bei der Sache ist, weil er an etwas Anderes denkt. Er will wissen, was es ist, und ist auch so beteiligt.

Das Geheimnis, das etwas feiner in der Herstellung und damit auch in seiner Wirkung ist, hat sich relativ spät durchgesetzt, vor allem im Film. Es fing mit *American Beauty* aus dem Jahr 2000 an, dem Film, den viele so gut fanden, aber niemand konnte sich erklären, warum. Der Erstlingsfilm des britischen Regisseurs Sam Mendes bekam gleich 5 Oscars. Es lag an der Spannungsform des Geheimnisses, die um die Jahrtausendwende noch relativ unverbraucht war! In der Folge gab es eine Unzahl weiterer Filme und Serien, allen voran *Desperate Housewives* aus den Jahren 2004 bis 2012.

Etwas antiquiert, gerade deswegen aber bei manchen beliebt, ist die Spannung an sich. Dabei vermuten Zuschauer und

Akteur vielleicht die Bombe, sie merken, dass etwas nicht in Ordnung ist und suchen nach dem Grund. Beide haben denselben Wissensstand.

Es gibt noch eine vierte Möglichkeit, bei der wissen weder das Publikum noch die Akteure von der Bombe, und sie geht plötzlich hoch. Das wird dann ÜBERRASCHUNG genannt.

Gute Geschichten speisen sich aus allen drei Spannungsformen, außerdem der Überraschung, wobei je nach Genre oder Vorliebe des Erzählers eine der Spannungsformen überwiegt.

Der Hornbach-Spot funktioniert, indem er eine Verbindung aus der Zielspannung und dem Geheimnis benutzt. Geheimnis, weil die Akteure wissen, worum es geht, die Zuschauer aber nicht und Zielspannung, weil der Zuschauer sich außerdem fragt, ob die Akteure ihr Ziel erreichen werden oder nicht. Der Zuschauer ist gleich doppelt beteiligt.

Ordnung oder Unordnung

Nicht zum Ende hin, sondern vom Ende her zum Anfang hin, bis ich nicht mehr bin.[46]

Mit einer Geschichte, die genau so abläuft, wie es eine schlüssig erzählte Heldenreise vorschreibt – oder allgemeiner, wie es die dramatischen Regeln vorschreiben –, kann man, zumindest theoretisch, nichts falsch machen.

Nach McKee behandelt der Archeplot eine Geschichte in einer in sich geschlossenen und kausal nachvollziehbaren fiktionalen Realität, die sich um einen aktiven Protagonisten dreht, der innerhalb einer kontinuierlich verlaufenden Zeitspanne hauptsächlich von außen kommende, feindliche Kräfte bekämpft, um sein Ziel zu erreichen. Er findet ein absolutes, nicht umkehrbares Ende.[47]

---

[46] Manfred Hinrich, 1926–2015, deutscher Philosoph, Philologe.
[47] Robert McKee, *Story*.

Solche Geschichten versprechen am ehesten Erfolg beim Publikum. Es ist kein Zufall, dass die erfolgreichsten Kinogeschichten *Titanic* (1997) und *Avatar* (2009), beide von James Cameron, konventionell gebaut, archetypische Storys sind, die sich strikt nach der Heldenreise richten.

Der größte Teil aller heutigen Geschichten folgt den klassischen Regeln. Was die früheren von den heutigen Produkten unterscheidet, ist die Geschwindigkeit, in der Geschichten erzählt werden, und die Klarheit, mit der Handlungen beschrieben werden. Es ist nun einmal so, dass der Zuschauer immer geübter wird, auch komplizierte Zusammenhänge zu verstehen. Musik, Computerspiele und Videoclips haben ihn geschult und seine Auffassungsgabe geschärft. Die Welt dreht sich, so scheint es, immer schneller. Dem passt sich die Erzählung an, indem sie immer kompliziertere Beziehungsgeflechte entwirft und sich immer weniger mit Erklärungen aufhält. Hier und da sind vor allem bei modernen Filmen auch Regelverstöße zu erkennen, die aber beabsichtigt sind und nur gelingen können, weil der Autor weiß, wie es „korrekt" abgehen müsste. Die grundsätzliche Regel, wie eine Geschichte aufzubauen ist, bleibt unangetastet.

Fakt ist, dass jeder Zuhörer oder Zuschauer das klassische Storydesign erwartet. Deswegen muss der Autor *mit* diesen Erwartungen oder sehr bewusst *gegen sie* spielen. Abweichungen sind auf keinen Fall dazu da, Unzulänglichkeiten zu verschleiern – was sich leider eingebürgert hat. So manch ein Kino- oder Fernsehfilm verhüllt seine Unzulänglichkeiten unter dem Mäntelchen der Kunst. Langatmig zu erzählen hat aber nichts mit Kunst zu tun!

Bei der Heldenreise habe ich bereits darauf aufmerksam gemacht, dass die Reihenfolge der Stationen und deren Anzahl nicht zwingend sind. Geschichten müssen nicht immer nur linear erzählt werden, das heißt Sie müssen nicht unbedingt am Beginn oder Ausgangspunkt in die Geschichte einsteigen, und auch danach müssen Sie sich nicht unbedingt an eine vorgegebene Reihenfolge halten. Wenn die Geschichte in Ihrem Kopf steht, das Fundament also gegossen ist, können Sie mit der Erzählung beginnen, wann immer Sie wollen. Hauptsache, dem Leser, Zuhörer oder Zuschauer wird der Plot klar.

Pars pro toto

Der mehrfach zitierte Hornbach-Spot, in dem ein Mann gezeigt wird, der sich nackt einen Abhang hinunterstürzt, verzichtet auf den 1. Akt. Der Film fängt gleich bei der Bewältigung der Konflikte an – am Ziel angekommen wird die Spitzhacke geschwungen. Die Geschichte funktioniert trotzdem, sehr gut sogar!

Die Exposition hätte folgendermaßen ablaufen können: Der Mann ist Rentner und hat nichts zu tun. Da bitten ihn seine Kinder um den Gefallen, in ihrem Garten einen Teich zu bauen. Er zögert, weil er es sich nicht zutraut. Er fühlt sich zu alt und zu schlapp. Erst als sein Enkel als Mentor auftritt, stellt er sich der Herausforderung.

Ohne diese Exposition, das heißt die Festlegung, wer die Leute sind und worin die Ausgangssituation der Geschichte besteht, kann sich jeder seinen eigenen Einstieg in die Geschichte ausmalen. Die Story wird zu seiner ganz persönlichen Heldenstory. So gesehen hat das Weglassen einen Sinn, der deutlich darüber hinausgeht, (Werbe)-Zeit und Kosten zu sparen.

Voraussetzung dieses Pars pro toto ist, dass die Storys archetypische Grundmuster bedienen, was die klassisch gebaute dramatische (Helden)-Geschichte von sich aus tut. Bei derartigen Geschichten reicht es, die Fantasie des Empfängers anzuregen, um in ihm die vollständige Story entstehen zu lassen. Es ist sogar möglich, von einer Geschichte nur kleinste Ausschnitte zu erwähnen. Wenn es damit gelingt, eine vollständige Handlung im Kopf des Zuhörers, Zuschauers, Lesers oder Kunden entstehen zu lassen, ist das umso besser. Der Empfänger vervollständigt die Geschichten aufgrund seiner Vorstellungen, seiner Erlebnisse und Erfahrungen.

Dass Geschichten in jedem von uns schlummern, sie nur „entdeckt" werden müssen, habe ich eingangs bereits erwähnt. Bei Menschen mit Fantasie geht es schneller als bei solchen ohne, funktionieren sollte es aber bei allen.

---

[48] Aristoteles.

Derartige Storys leben von Austausch und Interaktion. Der Empfänger wird dazu aufgefordert, die fehlenden Passagen nach seinen Vorstellungen zu komplettieren, was eine besonders wirksame Form der Beteiligung ist.

Tipp-Ex hat sich das Prinzip in seiner interaktiven Videokampagne „Tippexperience" zum Nutzen gemacht. Statt eine komplette Story vorzugeben, zeigt das Unternehmen lediglich die Ausgangssituation: Ein Jäger soll einen Bären erschießen. Kurz vor dem entscheidenden Moment greift der Jäger aus dem Video heraus zur Tipp-Ex-Maus und löscht damit das Wort „erschießen" aus dem Videotitel. Er fordert den Zuschauer auf, sein eigenes Wort in das freie Feld zu tippen. Damit kann er selbst den Ausgang der Geschichte bestimmen.

„Ich bin drin." Ich erinnere mich noch sehr gut an die AOL-Werbung mit dem noch jungen Boris Becker. Boris Becker war unser Held. Er hatte im Alter von 17 Jahren Wimbledon gewonnen, die Besenkammereskapaden, mit denen er später von sich reden machte, lagen noch vor ihm. Trotz seines Erfolges war er einer von uns geblieben, der mit ganz alltäglichen Schwierigkeiten zu kämpfen hatte. Damals gab es niemanden, dem es gleich auf Anhieb gelang, eine Internetverbindung herzustellen, um seine E-Mails abzurufen. Boris Becker zitierte in seinem Spot unsere Misserfolgsgeschichten, nur mit dem Unterschied, dass seine Geschichte unerwartet gut endete. Wider Erwarten gelang es ihm nämlich ohne Probleme, ins Internet zu gelangen – natürlich dank AOL.

Um die vollständige Leidensgeschichte in uns ablaufen zu lassen, reichte bald der entzückte Gesichtsausdruck von Boris Becker mit dem fassungslos-ungläubig-erfreut ausgesprochenen Satz: *„Ich bin drin ... Ich bin drin."* Er entwickelte sich zu einem Schlagwort und verhalf dem Internetanbieter AOL in Deutschland zu größten Erfolgen.

Ähnlich verhält es sich mit dem Media Markt-Slogan „Ich bin doch nicht blöd." Beim Hören entsteht ein Bild im Kopf, das die Geschichte der Entrüstung über unverschämt hohe Preise der Mitbewerber widerspiegelt. „Wohnst du noch, oder lebst du schon?" des Einrichtungshauses Ikea lässt ebenso eine Geschichte im Betrachter ablaufen wie das Motto „Nichts ist unmöglich!" von Toyota.

Eben erst habe ich den Hornbach-Spot erwähnt, in dem die Geschichte mehrerer Stahlarbeiter erzählt wird, die einen Panzer zerlegen – um ihn zu einem Hammer weiterzuverarbeiten. Der Hammer ist das Ziel! Aus einem Panzer, dessen Aufgabe eigentlich die Zerstörung ist, ist ein Hammer geworden, mit dem man etwas schaffen kann. Wer etwas schaffen will, geht zu Hornbach! Die Hämmer gab es dort in streng limitierter Auflage zu kaufen. Ein jeder Hammer erzählt die komplette Geschichte.

Sobald die Story etabliert ist, steht jeder Hammer fortan für die komplette Geschichte: Pars pro toto!

Das Pars-pro-toto-Prinzip ist eine Variante der elliptischen Erzählweise. ELLIPSE wird die Auslassung bestimmter Teile der Handlung beziehungsweise des Dialogs genannt. Je nachdem, wie die Geschichte erzählt wird, wird alles haarklein beschrieben oder eben nicht. Partien, die eigentlich zum Fluss der Handlung gehören, auszulassen und die Geschichte großflächig elliptisch zu erzählen, ist eine moderne Erzählart, mit der nicht jeder etwas anfangen kann, da es nicht jeder versteht.

Generell unterscheiden wir zwei Varianten: Einmal werden Geschichten in Teilen erzählt, die der Empfänger für sich nach seiner Vorstellung vervollkommnet. Voraussetzung für das Funktionieren ist, dass die Geschichten archetypische Qualitäten haben. Zum anderen werden die vollständigen Geschichten zumindest einmal erzählt, in weiteren Folgeversionen wird sich in Teilen darauf berufen. Der Rezipient vervollständigt die Geschichte aus seiner Erinnerung.

Im Werbefilm existiert der Begriff REMINDER, was soviel wie Mahnung oder Erinnerung heißt. Nach dem Hauptspot wird nach mindestens einem Spot Abstand ein weiterer Spot als Erinnerung geschaltet. Oft ist der Reminder ein 5- bis 10-sekündiger Zusammenschnitt, der nur die Schlüssel- und

Produktsequenz des ersten Spots beinhaltet, aber erneut die ganze Geschichte in Erinnerung wirft. Diese Form wird auch mit dem Begriff TANDEMSPOT beschrieben.

Tendenz zur Einfachheit

Es gibt auch Filme, die ihre vollständigen Geschichten in nur noch einer einzigen PLAN-

> *Die Schwierigen sind die Einfachen.[49]*

SEQUENZ erzählen. Plansequenz wird eine Sequenz innerhalb eines Films genannt, die nur aus einer langen Einstellung besteht. Da gibt es in der Handlung nichts mehr auszulassen. Die Kunst ist, alles mit Bedeutung zu füllen.

Spots, die ihre Geschichten nicht mehr in aller Ausführlichkeit erzählen, erheben die Einschränkung zum Prinzip. Die Reduktion läuft parallel mit der Einfachheit der Argumentation, man kommt direkt auf den Punkt.

Ein 60-sekündiger Spot von Nike in nur zwei Einstellungen zeigt – von hinten gefilmt – das Ende eines Marathons: Hobbyläufer, die sich auf den letzten Kilometern quälen, die Abenddämmerung hat schon eingesetzt. Die Strecke ist übersät mit leeren Wasserbechern und schon wieder für Passanten geöffnet. Nach der Hälfte des Spots setzt das weibliche Voiceover ein. Man erfährt, dass der erste Mensch, der die kompletten 42,195 Kilometer gelaufen ist, starb. Da endlich ändert sich die Kameraperspektive und die allerletzte Teilnehmerin des Laufs ist zu sehen, ein junges Mädchen, das sich sichtlich quält, sich am Ende aber auf die Zähne beißt, um zum Marathon-Finisher zu werden. Der Spot schließt mit dem „Just do it"-Claim und einem Verweis auf die Themenseite von Nike.

Dieser Spot besticht durch eine langsame Erzählweise, kommt dabei fast gänzlich ohne Schnitte aus und entfaltet mit seiner simplen Botschaft dennoch eine starke Kraft, oder, anders ausgedrückt, eine ganze Heldengeschichte. Hervorzuheben ist zudem der Twist, der im ersten Teil als eine Variante der Peripetie schon beschrieben wurde. Er bezeichnet die überraschende

---

[49] Johann Nepomuk Nestroy, 1801–1862, österreichischer Dramatiker.

Wendung in der Geschichte und steht für das Unerwartete in der Erzählstruktur.

Die Westin Hotelkette wirbt nicht mit einer luxuriösen Ausstattung, sondern mit der Nahaufnahme eines Blattes. Darauf glitzern Regentropfen, und es ist zu lesen: „Weißer Tee. Der beruhigende neue Duft von Westin."

Hier geht es nicht mehr um Vereinfachung, es geht um die Tendenz zum Natürlichen und Dokumentarischen. Es wird auf extreme Authentizität gesetzt als Gegenreaktion auf die Beeinflussungsorgien herkömmlicher Werbeproduktionen.

Wir sind also in der Lage, ganze Geschichten über einige wenige Bilder zu erzählen – sogar über ein einziges Bild. Der Unterschied zwischen dem Urlaubsschnappschuss und der Kunstfotografie besteht schließlich darin, dass wir in der gehobenen Fotografie nicht mehr nur abbilden, sondern mit Bildern Geschichten erzählen. Blättern Sie eines der Fotobücher von *Time Life* durch, Sie werden mit etlichen abenteuerlichen Geschichten belohnt.

Während ich dieses Buch schreibe, werden die Welt-Presse-Fotos des Jahres 2015 bekanntgegeben. Flucht und Vertreibung waren die bestimmenden Themen im Medienjahr 2015. Das World Press Foto 2015 des australischen Fotografen Warren Richardson zeigt einen Mann, der sein Baby durch den Stacheldraht des ungarischen Grenzzauns reicht. Die Mimik des Mannes, der scharf blitzende Stacheldraht, Hände, die sich aus der Dunkelheit dem Baby entgegenstrecken – in dieser Aufnahme erzählt nicht nur der abgebildete Mann seine Geschichte, die Aufnahme steht stellvertretend für die Geschichten aller Menschen, die vor Willkür und Gewalt fliehen und ihre Heimat verlassen mussten und es auf ihrer Flucht mit unzähligen Unwägbarkeiten und Konflikten zu tun bekamen.

In meinem Unterricht im Fach „Dramaturgie des Bildes" lasse ich meine Studenten aus solchen Bildern Geschichten entwickeln und dann aus Geschichten Bilder. Davor steht natürlich eine gründliche Unterweisung in Dramaturgie und Storytelling.

Das Fach „Dramaturgie des Bildes" ist nicht zufällig im Umfeld der Studiengänge Marketing, Werbung und Design angesiedelt. Jedes Werbemotiv versucht mit Bildern Geschichten zu erzählen. Sind die Geschichten etabliert, genügen einzelne (Erinnerungs)-Bilder, um sie aufleben zu lassen.

Nachdem wir so manches Mal dem Marlboro-Cowboy beim Feuermachen zugesehen haben, konnte in letzter Konsequenz auf die Zigarette verzichtet werden. Ein Cowboy am Feuer war gleich Marlboro, und Marlboro bedeutete Freiheit. Das hilft über das Verbot der Tabakwerbung hinweg. Indirekte Zigarettenwerbung erfolgt auch im Rennsport, wo Autos in der Farbgebung bekannter Marken nachempfunden sind.

Marlboro reicht bei seiner neuesten Plakatwerbekampagne eine Frage, in roten Buchstaben hingemalt. Dazu wird nicht mal mehr eine Zigarettenschachtel benötigt, man sieht lediglich das rote Symbol, das für die Marke steht. Trotzdem ist jedem sofort klar, wozu das Motiv gehört. Die Geschichte vom Zigarette rauchenden Cowboy am Lagerfeuer, von Freiheit und Abenteuer, kommt sofort ins Gedächtnis. Die fehlende Schachtel sorgt für einen Moment des Zögerns, Nachdenkens und Verweilens, was wichtig ist, um Aufmerksamkeit zu erregen.

Aus der Not nach Kürze oder Verschleierung wird eine Tugend, indem die nur partielle Darbietung im Rezipienten Neugier aufleben lässt. Und schon wieder ist er beteiligt.

Eine Geschichte lässt sich sogar auf mehrere Medien übertragen, wofür der Begriff „transmediales Geschichtenerzählen" steht. Ein Beispiel für gelungenes transmediales Storytelling ist die Geschichte „The Inside Experience" von Intel und Toshiba (2011). Eine junge Frau ist die Heldin. Sie ist in einem heruntergekommenen Zimmer eingesperrt, kann sich an nichts mehr erinnern und hat nur ein Notebook und eine schwache Internetverbindung. Ihr Ziel ist die Freiheit. Um freizukommen und zu verstehen, was eigentlich vor sich geht, kann sie mit der Außenwelt mittels Twitter und Facebook interagieren. Auf YouTube erleben User die Frau, können ihr Tipps über Social Media geben, die sie wiederum einsetzen kann, um an ihr Ziel zu gelangen. Das Ergebnis ist dann wieder auf YouTube miterlebbar.

Die User können nicht nur mit „Christina" interagieren, sie werden sogar Teil der Geschichte und sind an der Story maßgeblich beteiligt. Besser kann man den Zuschauer an der Story nicht teilhaben lassen.

Synopsis

Eine Geschichte ist gut, wenn sie den Zuhörer oder Zuschauer beteiligt. Er soll hoffen, dass der handelnden Person etwas nicht passiert, und bangen, dass es vielleicht doch geschieht.

Ein Trick, Spannung aufzubauen, besteht darin, das Ende möglichst lange offen zu halten. Wir sprechen von Zielspannung. Ein anderer Trick hat mit der Informationsvergabe zu tun. Entweder der Leser, der Zuhörer oder der Zuschauer weiß nicht, was als Nächstes passiert, und ist gespannt, wie sich eine Situation entwickelt, oder einer der Protagonisten ist unwissend, der Leser, der Zuhörer oder der Zuschauer weiß aber Bescheid. Es gibt außerdem die Möglichkeit, dass beide Seiten denselben Kenntnisstand haben. Gute Geschichten speisen sich aus allen Spannungsformen, vermischt mit der Überraschung.

Eine andere Form der Beteiligung ist es, nicht mehr die ganze Geschichte zu erzählen. Der Zuschauer oder Zuhörer bekommt die Aufgabe, die fehlenden Teile zu ergänzen. Bei archetypisch abgehenden Storys reicht es, die Fantasie des Empfängers anzuregen, um in ihm die vollständige Story entstehen zu lassen. Oft reicht ein Bild.

Akt V
Katastrophe

Nachdem Sie sich so weit vorgearbeitet haben, kommt es zur Belohnung natürlich nicht zur Katastrophe im Sinne von Desaster. Unter Katastrophe wird im Drama die Lösung des Grundkonflikts verstanden, die in einer Katharsis endet.

Das Thema der Geschichte

Die Wirkung eines Dramas ergab sich für Aristoteles aus dem Zusammenspiel von Furcht und Mitleid. Daraus entspringt die Katharsis, die Wandlung des Zuschauers durch das in der Tragödie dargestellte Schicksal. Die Schaffung einer emotionalen Bindung zwischen der Geschichte und dem Zuschauer mit dem Ziel einer moralischen Beeinflussung zählt auch heute zur Kür dessen, was man mit einer Geschichte erreichen kann.[50]

> Der Sinn des Lebens: etwas, das keiner genau weiß.[50]

> In der Geschichte der Akte Reitz-Melba ging es nicht in erster Linie um Schulung, sondern um das Ansprechen von Emotionen mit dem Ziel der Läuterung, womit die Überwindung der eigenen Trägheit gemeint war.

Ich habe ganz zu Anfang geschrieben, dass gute Geschichten Emotionen auslösen, die Botschaften kommen direkt im Hirn an und bleiben in Erinnerung. Das funktioniert nicht von allein! Dazu gehört all das, was bisher beschrieben worden ist und noch etwas mehr.

Wir sind davon ausgegangen, dass der Held ein konkretes Ziel verfolgt, wobei es zu Konflikten kommt. Gut gebaute Protago-

---

[50] Sir Peter Alexander Baron von Ustinov, 1921–2004, britischer Schauspieler, Schriftsteller und Regisseur.

nisten verfolgen aber nicht nur ein bewusstes Ziel, sondern sie haben dazu noch einen unbewussten Wunsch. Gleichgültig, was die Figur auch anstrebt, das Publikum spürt oder erkennt, dass sie sich tief im Inneren nach etwas ganz anderem sehnt. Man nennt es auch das WANT und das NEED des Helden. Das Want steht für das bewusste Ziel, das Need steht für sein BEDÜRFNIS.

In dem Film *Erin Brockovich* ist es Erins Ziel, einen Job bekommen, um mit dem Verdienst die Familie ernähren zu können; ihr Bedürfnis ist, anerkannt zu werden.

In *The Apartment* ist Baxter ein tragischer Held. Sein Ziel ist es, Karriere zu machen, dem steht aber sein Wunsch nach Liebe im Weg.

Jake Gittes' Ziel in dem Film *Chinatown* ist es herauszufinden, wer ihn derart aufs Kreuz legen wollte, sein Bedürfnis ist Gerechtigkeit. Obwohl er selbst es nicht wahrhaben möchte, ist er ein gerechtigkeitsliebender, aufrechter Zeitgenosse.

> Das konkrete Ziel der Akte Reitz Melba ist die Erledigung des Auftrages des Ministers. Ihr Bedürfnis ist jedoch ein anderes. Sie sehnt sich nach Anerkennung. Sie möchte gelobt werden. Es ist ein Begehren ideeller Art. Dieses Bedürfnis ist der Akte selbst gar nicht bewusst, jedenfalls würde sie es niemals zugeben.

Die äußere Story – der Weg des Helden auf das Ziel zu – ist immer nur die eine Seite des Erlebens, der direkte Aufhänger. Bedeutsam sind die Aussagen, die versteckt, gewissermaßen durch die Hintertür, getroffen werden, die das Gefühl ansprechen und uns zu beeinflussen in der Lage sind. Es resultiert aus dem Bedürfnis einer Person. Genau da sind wir beim THEMA.

Beim Thema geht es um universelle menschlichen Gefühle wie Liebe, Vertrauen, Verrat, Respekt, Gerechtigkeit, Selbstachtung, Anerkennung, Egoismus, Selbstlosigkeit, Verantwortung, Identität, Erwachsenwerden, Schuld und Sühne – Gefühle, mit denen jeder etwas anfangen kann, da sie jeden berühren. Dabei ist es wichtig, das Bedürfnis im Sinne von Allgemeingültigkeit anzulegen. Je großzügiger es gestaltet wird, desto mehr Zuhörer oder Zuschauer können sich angesprochen fühlen, da sie womöglich dasselbe Bedürfnis verspüren, das heißt, die Geschichte hat einen Bezug zum realen Erfahrungsbereich der Zielgruppe.

In dem Film *Titanic* (1997) ist die äußere Story die große Schiffskatastrophe mit über tausend Toten. Diese Story wird über den Umweg einer Liebesgeschichte erzählt. Es ist das Ziel von Jack Dawson, gespielt von Leonardo di Caprio, Rose de Witt, gespielt von Kate Winslet, zu bekommen. Dieses Verlangen strukturiert den Film. Für die Wirkung entscheidend ist aber, welche Bedürfnisse die Personen im Film unbewusst haben. Was wünschen sich Rose de Witt und Jack Dawson wirklich? Beide sehnen sich nach einer Gesellschaft, in der sich Menschen vereinen können, auch wenn sie unterschiedlichen Ständen zugehörig sind. Jack Dawson unternimmt die Überfahrt nach New York in einer der billigen Massenkabinen unter Deck, Rose de Witt residiert deutlich weiter oben.

Den Wunsch der Gleichheit teilen viele Menschen, Menschen jeder Altersklasse, aus allen Kulturen. Die Geschichte erweckt in ihnen Sehnsüchte nach sozialer Gerechtigkeit. Diese Moral macht den Film so publikumswirksam, und vielleicht trägt sie sogar einen klitzekleinen Teil zur Verbesserung der Menschheit bei.

Dasselbe Thema transportieren auch die Filme *Zimmer mit Aussicht* (1998, James Ivory), *Pretty Woman* (1990, Garry Marshall) oder *Notting Hill* (1999, Roger Michell). Sie unterscheiden sich in ihrer Zeit, im Stil, im Ton und im Genre, sie erzählen alle eine völlig andere Geschichte, die Geschichte hinter der Geschichte ist aber gleich: Liebe ist stärker als gesellschaftliche Konventionen. Darum geht es in diesen wie in unzähligen weiteren Geschichten; es ist das Thema.

Die Geschichte der Stahlarbeiter, die einen Panzer zerlegen um daraus Hämmer zu machen, transportiert ein sehr gelungenes Thema. Analog dem Zitat aus der Bibel „Schwerter zu Pflugscharen" lautet es hier: Es ist besser, etwas zu schaffen, als etwas zu zerstören. Zupacken in seiner besten Form ist fortan mit dem Baumarkt Hornbach verbunden. Viel gelungener lässt sich eine Werbebotschaft wirklich nicht mehr erzählen.

In bester Erinnerung geblieben ist mir ein Mercedes-Benz-Clip, in dem ein Geschäftsreisender gestresst in einem fernen arabischen Land am Flughafen ankommt. Er ist übernächtigt und verschwitzt und will wahrscheinlich in sein Hotel. Es ist sein Ziel. Es ist laut, die Menschen reden in einer unverständlichen Sprache auf ihn ein, unzählige Hände strecken sich ihm entgegen. Sein Bedürfnis ist Geborgenheit. Da hält ein Taxi an, und er steigt ein. Die Autotür ploppt zu. Im Moment herrscht Ruhe, und er fühlt sich geborgen. Er sieht nach vorne, wo er einen Mercedes-Stern erkennt.

Auch wenn in vielen Spots für Mercedes-Benz das Unternehmen mit keinem Wort erwähnt und auch der Mercedes-Stern allenfalls flüchtig zu sehen ist, verbindet der Zuschauer die Botschaften, die Vertrauen, Innovation oder Zuverlässigkeit zum Inhalt haben, mit dem Konzern.

> Das Bedürfnis der Akte Reitz-Melba war Anerkennung. Anerkennung kommt nicht von allein und auch nicht aus Routine. Dafür muss Reitz-Melba etwas tun. Sie muss bereit sein, von den Kollegen, die viel jünger sind und wohl auch unerfahrener, zu lernen. Bereit sein zu geben und zu nehmen, dieses Thema wird im Film transportiert. Allgemeiner ausgedrückt betrifft es das Gefühl des Egoismus.

Das Thema sollte man sich selbst überlassen! So wird es nicht zu einer Behauptung, die bewiesen werden muss! Ein Thema, auf dem allzu deutlich und plump herumgeritten wird, kehrt sich schnell ins Gegenteil. Es nervt und langweilt die Zuhörer oder Zuschauer.

Die ebenso angenehme wie wirkungsvolle Zurückhaltung von Mercedes-Benz in vielen seiner Spots wird bei Fußballländerspielen leider aufgegeben. Für mich müssten Spielübertragungen der Fußballnationalmannschaft mit dem Hinweis „Dauerwerbesendung" gekennzeichnet werden. Es gibt keinen Moment während der Ausstrahlung, in dem nicht Werbung für Mercedes-Benz gemacht wird. Während der WM-Jubelfeier

2014 tauschte der werbende Konzern sogar den vierten Stern über dem DFB-Logo kurzerhand gegen sein eigenes Logo aus, und alle Kameras hielten drauf. Deutlicher kann man es wirklich nicht mehr machen, wirkungsvoller dagegen schon – wenn nämlich Größe gezeigt und Zurückhaltung geübt wird.

Mag sein, dass diese Art der Werbung zum Erfolg führt, was die Erinnerung betrifft. Der Effekt der Image-Steigerung bleibt aber aus.

Die Wirkung der Geschichte

Es wird gesagt, dass die Zutaten einer guten Geschichte bei den Neigungen der Empfänger ansetzen. Auf die Frage von *SPIEGEL ONLINE* nach den drei wichtigsten persönlichen Bedürfnissen wurden Gesundheit, Finanzen und Familie an erster Stelle genannt.

> *„Entweder Sie haben Kohle oder eine gute Geschichte."*[51]

Wer im öffentlich-rechtlichen Rundfunk um kurz vor 19:00 oder 20:00 Uhr auf die Nachrichten wartet, wird mit Werbung für Creme gegen Gelenkschmerzen, gegen nächtlichen Harndrang, für eine glattere Haut im Alter und für die neu gewonnene Freiheit dank Treppenlift belästigt. Die Werbung ist in ihrer Einfallslosigkeit und Penetranz kaum zu ertragen. Wahrscheinlich ist die Strategie der Wiederholung ein Tribut an das Alter der Kunden, die im öffentlich-rechtlichen Fernsehen über 60 Jahre zählen, und die Einfallslosigkeit geht einher mit dem, was das deutsche Fernsehen am Vorabend zu bieten hat.

Kreativer als das Thema Gesundheit wird die Sehnsucht nach Reichtum bedient. Von jeher gelten Geschichten, die die Mär vom Tellerwäscher zum Millionär propagieren, als *der* Archetyp des Hollywoodkinos. Es ist natürlich verlogen und geht an der Wirklichkeit vorbei, es gefällt aber den Menschen, die träumen mögen, und ihnen zu gefallen ist das Bestreben der Storyteller. Sie wollen nicht die Welt zeigen, so wie sie ist, sie wollen Zuschauer, Zuhörer und Kunden entführen in eine

---

[51] Dr. Werner T. Fuchs, Marketingdesigner, Autor und Berater.

Welt voller Spannung und Emotionen. Dafür wählen sie bewusst das klassische Storydesign.

Ein immer wieder gerne erwähntes Beispiel ist die Story, die Hewlett Packard propagiert. Am Anfang stehen zwei Männer (Helden), die im Jahr 1939 ein Unternehmen in einer Garage gründen. Diese Garage gilt heute als Geburtsort des Silicon Valley. Die Geschichte wirkt inspirierend und motivierend, weil sie eine Erfolgsgeschichte nach archetypischem Muster erzählt.

1&1 berichtet in ganzseitigen Werbebotschaften von Erfolgsgeschichten seiner Kunden mit 1&1-Produkten und verweist gerne darauf, einmal als Start-up angefangen zu haben – im 50qm-Dachgeschoss-Büro und mit geliehenen Schreibtischen.

Auch Apple transportiert sein Gründermythos in irgendeinem dunklen Keller bis zur persönlichen Story von Steve Jobs, und angeblich hat die Motorradfirma Harley Davidson in einer Hinterhofgarage das Licht der Welt erblickt.

Für die Sehnsucht nach Familie und häuslicher Geborgenheit steht die Flugzeuggesellschaft British Airways mit dem Clip „A Ticket To Visit Mum". Der Titel sagt alles.

Nivea propagiert in seinen Spots das tägliche Leben mit all seinen Herausforderungen, deren Bewältigung mit Liebe belohnt wird. Einen ähnlichen Weg beschreitet Procter & Gamble mit seinem Spot „Best Job". Eine Mutter oder ein Vater, egal woher sie kommen und welcher sozialen Schicht sie angehören, opfern sich für ihre Kinder auf und werden am Ende dafür belohnt. Bei ihrer Arbeit helfen ihnen die Produkte von Procter & Gamble. Ausschnittweise werden besonders emotionale Szenen aus dem Dasein von Müttern und Vätern aus aller Welt im Umgang mit ihren Kindern gezeigt.

In „The Journey" erzählt Mercedes-Benz die Story eines kleinen Jungen, der sein behütetes Zuhause mitten in der Nacht verlässt und einen weiten Weg auf sich nimmt, um anschließend von der Polizei wieder zurück gebracht zu werden. Die Polizei fährt Mercedes.

Im Spot „Sag es mit deinen Worten" zeigt Hornbach, wie ein Vater seiner Tochter häusliche Geborgenheit schenkt. Erzählt wird die Geschichte eines Gothic-Mädchens, das vereinsamt ist, da es überall ausgegrenzt wird. Da tritt der Vater in Erscheinung, der seine Tochter so liebt, wie sie ist, und der es ihr auch zeigt.

Was all diese Spots gemein haben ist die tiefgehende Aussage über eine moralische Beeinflussung. Es kann gelingen, da sie bei den Bedürfnissen der Empfänger ansetzen. Es ist die große Kunst des Storytellings.

Ein weiteres Grundbedürfnis stellt die Sehnsucht nach Lachen dar. Wenn wir lachen, geht es uns gut, und wir empfinden Sympathie, weil mit einem Lächeln die Dinge einfacher werden. Geschichten, die auf Komik bauen, kommen per se gut an.

Aus dem Theater sind mehrere Techniken der Komik bekannt, zum Beispiel „die peinliche Situation". Der Versandhändler Otto lässt in seinem Spot „Ein ungewöhnlicher Abend" eine Frau mit einer Maske zu einer Party kommen. Dort greift sie sich einen Kaktus und wirft ihn in die Höhe. Damit ist der Spot (fast) zu Ende. Es folgt die Frage: „Wo hat sie nur diese Tasche her? Gefunden auf „otto.de"!"

Die Telekom macht sich die Geschichte vom fülligen Bob zunutze, der sich für seine krebskranke Frau ein Tutu anzieht und sich damit überall in der Welt fotografiert. Damit ermutigt er nicht nur seine Frau, sondern unzählige Menschen weltweit. Fortan verbinden die Menschen die sympathische Story mit dem Telefonanbieter. Dank ihm und seiner technischen Möglichkeiten, konnte sich die Geschichte unendlich verbreiten.

„Die Entkopplung von Ursache und Wirkung" als weitere Technik der Komik macht sich der schon erwähnte Toom-Spot vom kleinen Mann, der sich mithilfe seiner Heimwerkerfähigkeiten gegen einen Raser wehrt, zunutze. Mit seinem Werkzeug baut er eine Vorrichtung, die den getunten Wagen des Aggressors hoch durch die Luft wirbeln lässt.

Ein Kater geht mit dem Ziel, im Toyota zum Tierarzt gefahren zu werden, immer größere Risiken ein. Nach einer alltäglichen Verletzung schmeißt er sich vor den Rasenmäher, dann nimmt er es mit einer Betonmischmaschine auf, mit einem bissigen Hund und lässt sich schließlich von einer Kehrmaschine verschlucken. Mit jedem Mal sieht er zerzauster aus, bis er am Ende seine Leidenschaft für den Toyota mit dem Leben bezahlen muss. Ich bewundere den Mut von Toyota, ihr Anliegen mit derart schwarzem Humor zu verfolgen.

Aus dem „Bilden eines Kontrasts zwischen Realität und Vorstellung" besteht ein Spot der Marke Kia. Ein Sandmann streut einem schlafenden Ehepaar Sand in ihre Augen und lässt Träume entstehen. Die Frau träumt von einem leicht bekleideten Retter, mit dem sie auf einem Pferd durch traumhaft schöne Landschaft reitet. Beim Mann geht etwas schief. Der Sandmann schüttet den ganzen Inhalt seines Sandeimers aus. Die Träume des Mannes sind stark übertriebene Männerfantasien von schnellen Autos, leicht bekleidete Frauen, Wrestling und lauter Rockmusik. Am Höhepunkt des Traumes stellt sich der Mann seiner Frau in den Weg. Die Frau wechselt ihren Platz auf dem Rücken des Pferdes gegen den neben ihrem Mann, weil der in einem schneeweißen Kia sitzt.

Gemeinsam ist den komischen Techniken der Widerspruch. Widerspruch zwischen Erwartung und Ergebnis oder zwischen Wollen und Tun. Der Fokus wird auf mögliche Reibungspunkte gelenkt (Konflikt).

Episch, lyrisch und dramatisch

Wenn ihr protestieren wollt, dann achtet die Regeln.[52] Die versteckten Inhalte, die unbestritten überzeugende Qualitäten haben, machen das Thema ebenso interessant wie anrüchig. Storytelling in Werbung und Wirtschaft ist nicht zuletzt das Bestreben, Marken und Produkte unsichtbar zu machen. Als versteckte Botschaften der Absender sollen sie den Schutzwall, den die Konsumenten um sich herum gebildet haben, durchbrechen. Das

---

[52] Joachim Gauck, deutscher Pfarrer und Bundespräsident.

funktioniert am besten mit Geschichten, die archetypische Qualitäten haben, mit dramatischen Geschichten also.

Reden wir von Beeinflussung oder Manipulation? Manipulation wird die gezielte Einwirkung auf die Menschen ohne deren Wissen und gegen deren Willen bezeichnet. Der Werbemensch wird hervorheben, dass, wer kein grundsätzliches Interesse an der Ware oder an der Dienstleistung hat, sich auch nicht überreden lassen wird. Ich bin mir da nicht so sicher. Wenn Sie einen gut gemachten Film gesehen haben, kann es durchaus passieren, dass Sie das Kino als eine anders denkende und fühlende Person verlassen. Abhängig vom Genre und natürlich der Qualität des Films werden Sie sich als Gerechtigkeitsfanatiker, Rächer oder sensibilisierter Mensch auf den Weg zum Parkplatz oder zur U-Bahn machen. Wenn es meist auch nicht lange vorhält, so ist diese Reaktion genau das, was Aristoteles angestrebt hat.

So eine Läuterung kann leicht in die falsche Richtung gehen. Es können auch niedere Instinkte angesprochen werden, wie es zum Beispiel im deutschen Film der Nazizeit der Fall war. *Jud Süß*, der antisemitische Spielfilm von Veit Harlan aus dem Jahr 1940, der von der nationalsozialistischen Regierung in Auftrag gegeben worden war, war ein äußerst geschickt erzählter Film – mit einem schrecklichen, menschenverachtenden Thema. Die Menschen, die diesen Film damals im Kino gesehen haben, werden den Zuschauersaal bestimmt nicht als bessere oder gerechtere Personen verlassen haben, das Gegenteil ist der Fall.

Mit dem Thema einer Geschichte können Menschen sehr wohl manipuliert und für eine bestimmte Zeit gesteuert werden. Genau das ist der Angriffspunkt der Kritiker des Geschichtenerzählens in Hollywood-Manier, wie die archetypisch gebaute dramatische Geschichte gerne bezeichnet wird. Sie bevorzugen eine andere Art des Erzählens.

Tatsächlich gibt es nicht nur *eine* Art von Geschichten, es gibt derer gleich drei. Die DRAMATISCHE Erzählung ist wohl die gebräuchlichste, daneben gibt es die EPISCHE und die LYRISCHE ERZÄHLART. Der Vollständigkeit halber will ich sie hier erwähnen, obwohl sie für die Belange von Wirtschaft und Werbung eher weniger zu gebrauchen sein werden.

Geschichten, die dramatisch aufgebaut sind, bedienen archetypischer Erwartungen. Ich möchte annehmen, dass gut 90 Prozent aller in den Kinos gezeigten Filme den dramatischen Grundsätzen entsprechen. Derartige Geschichten transportieren die Aussage, dass jeder Mensch ein Held sein kann, egal in welcher Situation er lebt. Sie enden mit einer Katharsis, bei Aristoteles war es die Wandlung des Zuschauers durch das in der Tragödie dargestellte Schicksal. Die Geschichten packen den Zuhörer oder den Zuschauer, lassen ihn träumen oder schütteln ihn und sind wohl auch in der Lage, ihn zu manipulieren.

Dieses Konstruktionsprinzip der geschlossenen dramatischen Erzählung ist der zentrale Angriffspunkt seiner Kritiker. Statt der formalen Leitlinie, womit das Vorhandensein eines Helden gemeint ist, der ein Ziel verfolgt und dabei auf Konflikte stößt – dem Zuschauer wird für eigenes Denken kaum Zeit gelassen –, existieren in der epischen Erzählung eine Vielzahl von gleichberechtigten Handlungssträngen, die nebeneinanderstehen und/oder einander folgen können. Im Taschenbuch der Künste[53] steht unter „Epischer Film" geschrieben: *Filmart mit einer der Literaturgattung Epik vergleichbaren reichen Verzweigtheit der Begebenheiten, wie sie in Romanen oder auch der epischen Lyrik (Balladen) auftritt"*. Darauf folgt der Verweis auf das epische Theater Brechts, wo der Zuschauer nicht mehr in eine Scheinwelt entführt und gekidnappt, nicht mehr seiner Sinne beraubt werden soll. Er wird mit wachen Augen in eine Welt eingeführt, die so unvollkommen und unberechenbar ist, wie sie ist. Berthold Brecht strebte die bewusste Brechung des Erzählflusses an und erreichte dies durch Verfremdung. Er wollte den kritisch-distanzierten Zuschauer.

In der epischen Erzählweise wird die zielgerichtete Kausalität aufgehoben, ebenfalls aufgehoben wird die Finalität. Das Geschehen ist nicht zwangsläufig auf ein Ziel hin ausgerichtet, es endet nicht mit einer Katharsis. Statt Charaktere zu zeigen, die ihr Schicksal selbst in die Hand nehmen und durch ihre Entscheidungen jederzeit zum Guten beeinflussen können,

---

[53] Wolfgang Klaue, *Taschenbuch der Künste*, Henschel, 1984.

was verlogen ist und die Zuschauer einlullt, wird der Mensch in seinem realen und oft aussichtslosen Umfeld gezeigt.

Wollen wir etwas im Zuschauer, Zuhörer oder Leser bewirken, das heißt, wollen wir ihn in unsere Fantasiewelt entführen, so müssen wir die dramatische Erzählform wählen. Verlogen oder nicht, sie ist die wirksamste Art, Geschichten zu erzählen. Natürlich können auch epische Geschichten wirksam sein, aber es ist ungleich schwerer, ein derartiges Mitempfinden zu erreichen. Wenn es dann trotzdem klappt, umso besser.

Lyrisches Erzählen bildet vor allem die innere Welt der Autoren ab und arbeitet mit der Verknüpfung sinnbildhafter Assoziationen.

Nicht wenige sprechen beim ökonomisch kalkulierenden Storytelling von einer Kommerzialisierung und Industrialisierung des Geschichtenerzählens und prophezeien den Niedergang der Poesie und der Vielfalt des Erzählens. So weit würde ich nicht gehen, obwohl Gefahren unübersehbar sind. Dass Werbung die Konsumenten manipulieren will und dass die Wahrheit dabei nicht selten auf der Strecke bleibt, ist hinlänglich bekannt. Dass das Geschichtenerzählen in den Dienst der Werbung gestellt wird, wird dem Erzählen als traditionsreiche Kunst aber niemals wirklichen Schaden zufügen können, davon bin ich überzeugt. Es ist ein Unterschied, ob man Michelangelos „David" als Modell für Unterwäsche missbraucht oder ob man die Kunst des Geschichtenerzählens für Werbebotschaften hernimmt. Beim Storytelling geht man nicht von bestehenden Kunstwerken aus und missbraucht sie für Werbezwecke, man leiht sich allenfalls das Werkzeug aus, um damit eigene Geschichten zu erschaffen. Und das fordert nicht selten den (Werbe)-Künstler.

Einer der Ersten, der Werbung zu Kunst erklärte, war Michael Schirner. In einem Interview antwortete er auf die Frage, warum Werbung Kunst ist: „Weil ich sie dazu erklärt habe. Die Werbung hat heute die Funktion übernommen, die früher die Kunst hatte: die Vermittlung ästhetischer Inhalte ins alltägliche Leben."

Es ist eine sehr ichbezogene und idealistische Interpretation, bei der ich Schwierigkeiten habe zu folgen. Aber auch ich bin der Ansicht, dass gute Werbung zu machen eine Kunst ist, wobei in diesem Falle Kunst allerdings von Können kommt.

Synopsis

Damit Geschichten Emotionen auslösen, die Botschaften direkt im Hirn ankommen und in Erinnerung bleiben, muss eine emotionale Bindung zwischen der Geschichte und dem Zuschauer entstehen. Es betrifft das Thema der Geschichte, das wiederum aus dem Bedürfnis der Hauptperson resultiert. Gute Charaktere verfolgen nicht nur ein Ziel, sondern haben auch ein Bedürfnis. Idealerweise orientiert sich das Bedürfnis an den Neigungen der Empfänger.

Von den drei Arten Geschichten zu erzählen – episch, lyrisch und dramatisch – sind es vor allem die dramatischen Geschichten, die in der Lage sind, Zuhörer oder Zuschauer zu packen, ihn träumen zu lassen, ihn aber auch zu manipulieren. Die Möglichkeit des Geschichtenerzählers zur Beeinflussung macht Geschichten ebenso anziehend wie anrüchig. Genau das ist der Angriffspunkt der Kritiker archetypisch gebauter dramatischer Geschichten.

Teil II

Die Form der Geschichte

„Form ist Grenze."[54]

---

[54] Oswald Sprengler, 1880–1936, deutscher Kultur- und Geschichtsphilosoph.

Kurz oder lang

Manchmal kann es sinnvoll sein, die Geschichte als Kurzinhalt niederzuschreiben. Ein KURZINHALT besteht aus der Beantwortung von vier Fragen:

1. Was ist passiert?
2. Was passiert danach?
3. Wie entwickelt sich der Konflikt?
4. Wie geht die Geschichte aus?

Am Beispiel der Geschichte der Akte Reitz-Melba könnte der Kurzinhalt wie folgt aussehen:

1. Was ist passiert? – Reitz-Melba lebt ein angesehenes Dasein als Chefsekretärin eines Ministers in Bonn.
2. Was passiert danach? – Reitz-Melba bekommt einen Auftrag aus dem Ministerium in Berlin. Mit den Mitteln, die ihr zur Verfügung stehen, kann sie über die Entfernung nicht arbeiten. Sie weigert sich.
3. Wie entwickelt sich der Konflikt? – Reitz-Melba bekommt eine Rüge vom Kanzler. Sie muss sich auf den Weg machen, den Auftrag zu erledigen. Aber wie? Reitz-Melba will aufgeben.
4. Wie geht die Geschichte aus? – Wider Erwarten schafft es Reitz-Melba doch. Sie ist über ihren Schatten gesprungen und hat die Hilfe der elektronischen Akten angenommen.

Etwas überarbeitet liest es sich so:

> Reitz-Melba lebt ein angesehenes Dasein als Chefsekretärin eines Ministers in Bonn. Als sie nach dem Hauptstadtumzug einen Auftrag aus dem Ministerium in Berlin bekommt, weiß sie nicht, wie sie ihn über die Entfernung ausführen soll. Sie zögert und bekommt eine Rüge vom Kanzler höchstpersönlich. Es bleibt ihr nichts anderes übrig, als sich auf den beschwerlichen Weg zu machen, den Auftrag zu erledigen. Mit konventionellen Mitteln ist es aber nicht zu schaffen. Die Probleme häufen sich, Reitz-Melba will verzweifelt aufgeben. Ihr Job steht auf dem Spiel. Da endlich springt sie über ihren Schatten und nimmt die Unterstützung der elektronischen Akten an. Mit deren Hilfe erledigt sie die Aufgabe.

Im Gegensatz zur Kurzzusammenfassung wird der Kurzinhalt verlangt, wenn die Geschichte schon geschrieben ist. Er wird gebraucht, um Entscheidern, die keine Lust oder keine Zeit haben, ein ganzes Exposé oder Treatment zu lesen, mit dem Inhalt einer Geschichte bekannt zu machen.

Das Format

Jede Geschichte fängt damit an, dass derjenige, der die Geschichte erzählen will, sich Gedanken macht, wessen Geschichte er erzählen will und für wen er es tun will. Nach der Idee überlegt er sich den Verlauf der Geschichte, den er notieren sollte. Ohne dramaturgische Grundkenntnisse wird es nicht funktionieren. Im Anschluss an die KURZZUSAMMENFASSUNG, die vielleicht nur aus drei Sätzen besteht, oder der Beantwortung von den gerade erwähnten vier Fragen, entsteht ein EXPOSÉ, womit die Geschichte angeboten werden kann, gleichzeitig ist sie geschützt.

Ideen sind in Deutschland nicht zu schützen, der Schutz beginnt erst dann, wenn von einer Schöpfung oder einem Werk gesprochen werden kann. Das ist beim Exposé der Fall. Darüber hinaus sollte das Exposé den Auftraggeber davon überzeugen, die Rechte an der Geschichte zu erwerben, den Autor zu bezahlen und zur Weiterarbeit zu beauftragen.

Es folgt das TREATMENT, das die logische Weiterentwicklung darstellt. Darüber hinaus kann ein BILDERTREATMENT, ein DREHBUCH oder vielleicht sogar ein STORYBOARD verlangt werden.

Welche Arbeitsschritte unternommen werden sollten, kommt auf die Beschaffenheit und den Zweck der Geschichte an. Es ist ersichtlich, dass zu einem journalistischen Beitrag von vielleicht zwei Minuten Länge kein so großer Aufwand betrieben werden kann wie für einen Werbefilm, für den neben einem ausführlichen Drehbuch auch ein Storyboard verlangt werden wird. Trotzdem müssen für beide Geschichten dieselben Überlegungen angestellt werden.

Das Exposé

Es gibt immer wieder Verwechslungen zwischen den Begriffen Exposé und Treatment. Das, was im Wirtschaftsfilm als Treatment bezeichnet wird, hat oft Ähnlichkeit mit dem Exposé im Fernseh- oder Kinofilm. Im englischen Sprachraum gibt es das Exposé, wie wir es kennen, überhaupt nicht. Derartige Texte werden gleich Treatment genannt. So bezeichnet Syd Field in seinem Buch *Das Handbuch zum Drehbuch* das, was für uns ein Exposé darstellt, als Treatment. Es kann manchmal ganz schön verwirren.

Ich gehe vom Exposé als erste große Bearbeitungsstufe beim Entstehen einer Geschichte aus. Wie im fiktionalen Film ist das Exposé auch in Wirtschaft und Werbung eine Stoffzusammenfassung, mit der man sich selbst einen Überblick verschafft, was erreicht werden soll und mit dem man mögliche Entscheider auf seine Seite zu bringen versucht. Ein Exposé für einen Wirtschafts- oder Werbefilm hat allerdings eine konzeptionellere Form als das für einen fiktiven Film. Beschrieben wird die grundsätzliche Sichtweise der Aufgabenstellung, das geplante Vorgehen wird verdeutlicht. Das Exposé bietet Möglichkeiten für Lösungen an, dabei werden Zielgruppen reflektiert, das Kommunikationsziel festgelegt und Faktoren für die Gestaltung definiert. Die Erzählung der Geschichte an sich steht noch nicht im Vordergrund.

Nachfolgend drucke ich das Exposé ab, wie es zur Geschichte der Akte Reitz-Melba entstanden ist.

Video zum IVBB

Bis zum Jahr 2000 sollen Bundeskanzler, Bundestag und einige Ministerien ihren Standort nach Berlin verlegt haben.

Die Kooperation mit den Restbehörden in Bonn wird dann über eine multimediale Kommunikationstrasse funktionieren. Der *Informationsverbund-Bonn-Berlin* befasst sich mit der Problemlösung und koordiniert die daran beteiligte Industrie mit innovativen Techniken. Grundlage der Datentrasse wird das Euro-ATM bilden.

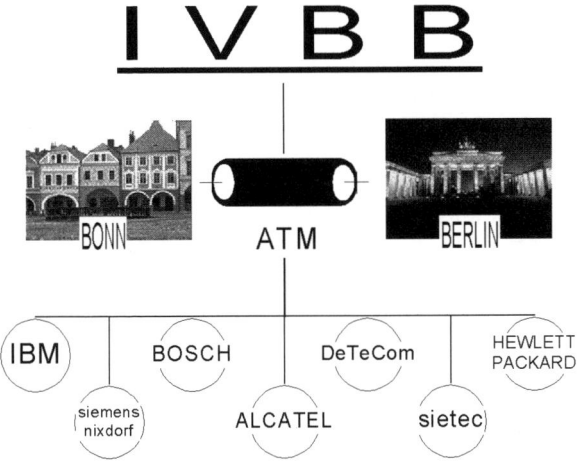

In einem Video, das auch als Basis für eine Multimediaanwendung dienen kann, soll Besuchern der TELECOM '95 in Genf, Politikern und hochrangigen Beamten die Dimension der Aufgabe und deren beispielgebende Umsetzung verdeutlicht werden.

Der Ablauf des Videos mit einer Laufzeit von 10–12 Minuten orientiert sich eng an den von der IVBB-Arbeitsgruppe im ZVEI formulierten Grundbotschaften.

Kernaussagen:

Die neuen Informationstechniken ergänzen die bestehenden. Sie werden auf Basis der IVBB-Infrastruktur installiert und evolutionär entwickelt. Das Projekt hat für den Bund wie für die deutsche Industrie Pilot-Charakter. Seine Ergebnisse lassen sich auf andere, dezentrale Administrationssysteme überführen.

Gestaltungsidee:

Durchgängiges Gestaltungselement ist, auch im Hinblick auf die Adaption auf CD-ROM, ein multimediales Videodesign, das die gleichzeitige Darstellung sich ergänzender Sachverhalte in Windows und Multilayer-Technik, ergänzt durch Grafik und Typografie erlaubt.

Zusätzliches animiertes Gestaltungselement ist eine stilisiert-personifizierte Verwaltungsakte, die sich im Verlauf des Videos vom konventionellen Aktenordner zum elektronisch verfügbaren Datensatz wandelt. Einer Moderatorin ähnlich taucht sie immer mal wieder auf. Als Akte ist sie aber auch selbst betroffen. Sie kommentiert emotionale Aspekte des IVBB, strukturiert den Ablauf und entwickelt sich vom Bedenkenträger zum Sympathieträger für das Projekt.

Der Aktenordner selbst wird in einer realen Umgebung zum Leben animiert. Die Akte ist zunächst skeptisch, und sie hat Angst vor den Veränderungen. Dann erkennt sie die Vorteile der neuen Informationstechniken, die den Parlamentariern die Arbeit erleichtern. Ohne sie wären die Probleme, die der Umzug mit sich brachte, niemals lösbar gewesen.

Die neuen Informationstechniken stehen dabei nicht in Konkurrenz zu den alten. Sie sind deren konsequente Weiterentwicklung. Sie werden persönliche Kontakte niemals ganz ersetzen können. Die Technik steht im Dienste des Menschen.

Das vorliegende Drehbuch ist nach inhaltlicher Abstimmung und Genehmigung Basis für Drehort und Materialrecherche. Neben dokumentarischem Archivmaterial sollen bereits realisierte Anwendungen der am IVBB beteiligten Unternehmen als Klammerteile oder vor Ort neu gedreht, einfließen.

Das Treatment

Im Treatment geht es um die Story an sich, die als narrativer Text wiedergegeben wird. Strategische Gedanken haben im Treatment nichts mehr zu suchen. Dem Leser des Treatments muss sich die ganze Geschichte darstellen. Es sollte sich dabei um eine ebenso spannende wie emotionale Story handeln. Auch das sollte übermittelt werden.

Das Treatment ist jene Form, in der wir bereits den Rhythmus des späteren Drehbuchs ablesen können. Phasen der Dramatik und Hektik wechseln sich mit Momenten der Ruhe oder Orientierung ab. Solche Ruhephasen sind manchmal wichtig, damit der Leser, Zuhörer oder Zuschauer etwas gerade Gesehenes, das vielleicht bedeutend oder sehr emotional war, noch einen Augenblick lang in sich wirken lassen oder verarbeiten kann. Eine Szene, die nach gesteigerter Aktion Ruhe vermittelt, nennt man Nachklangszene.

Wie beim Drehbuch sollte das Treatment nicht alles und jedes erklären und vom absoluten Anfang an erzählen wollen. Die Geschichte muss beginnen, kurz bevor der Konflikt ausbricht. Sonst muss zu viel Zeit vergehen, bis es endlich losgeht. Bei der

Erklärung zum Ausgangspunkt wurde bereits erwähnt, dass es ratsam ist, die Stelle so nah wie möglich am PlotPoint 2 (siehe Seite 31) zu platzieren.

Die Dialoge in einem Treatment, sofern sie überhaupt notwendig sind, werden grundsätzlich in indirekter Rede verfasst.

Vielleicht haben Sie mit dem Treatment Ihre Arbeit schon erledigt. Für einen Dokumentarfilm kann das Treatment das Endprodukt darstellen. Es ist die Vorlage, nach der gedreht wird. Was später dazukommt, sind Beobachtungen, die vor Ort gemacht werden können und müssen.

Im Wirtschafts- oder Werbefilm wie auch im fiktionalen Film stellt das Treatment oft nur ein Zwischen- oder Vorbereitungsstadium dar. Im nächsten Schritt müssen Sie die Geschichte weiter aufarbeiten, das heißt, Sie denken sich all die Ereignisse und Szenen aus, mit denen die Story zum Leben erweckt werden soll. Von der Dreiteilung wechseln Sie in Versionen mit fünf, acht, zwölf oder noch mehr Stationen oder Sequenzen mit den entsprechenden dramatischen Punkten.

Szenisches Treatment, Bildertreatment, Outline

Ab dem SZENISCHEN TREATMENT geht es nicht mehr darum, jemanden vom Potenzial der Geschichte zu begeistern. Dafür stand das einfache Treatment. Jetzt geht es darum, jemanden von unseren Fähigkeiten, eine Story dramaturgisch richtig darzustellen, zu überzeugen und einen weiteren großen Schritt in Richtung auf das Drehbuch zu unternehmen.

Wenn wir uns an das szenische Treatment machen wollen, müssen wir das, was wir bisher geschrieben haben, wofür wir uns wahrscheinlich eines Schreibprogramms bedient haben, in ein anderes Programm übertragen, in ein sogenanntes Formatierungs- oder Drehbuchprogramm. Die Aufgabe des Programms ist es, dem Autor zu helfen, die Geschichte in einzelne Szenen aufzugliedern mit jeweils einer SLUGLINE (Szenenüberschrift) und all den anderen Formalien, die dazugehören. Nur mit einem Formatierungsprogramm können Sie die weiterführende Arbeit komfortabel lösen.

Das szenische Treatment oder BILDERTREATMENT ist ein Dokument für den dramatischen Leseprozess, das heißt nicht mehr nur die Geschichte an sich, sondern die Auflösung der Geschichte in Szenen und Bilder steht von nun an im Vordergrund. Sich Storys auszudenken und wiederzugeben, reicht nicht mehr. Jetzt müssen Sie die Geschichten mit größtmöglicher Wirkung, das heißt spannend oder emotional darstellen können – natürlich unter Zuhilfenahme dramaturgischer Tricks und Techniken. Das Bildertreatment wird also erst geschrieben, wenn über den Grundplot Einigung erzielt wurde, mithin, wenn es schon Verträge gibt.

Der Autor trifft im Bildertreatment richtungsweisende Entscheidungen, was den Fluss der Geschichte angeht. Grundsätzlich geht es darum: Welche Informationen verraten Sie an welchem Punkt? Auf welche Art und Weise tun Sie es? Aus wessen Perspektive erzählen Sie die einzelnen Szenen?

Dabei werden das szenische Treatment, das Bildertreatment und auch die OUTLINE oft synonym verwendet. Sie stimmen darin überein, dass sie die Handlung in Szenen einteilen. Dabei unterscheiden sie sich aber durch die Länge.

Die SZENEN OUTLINE (Step Outline), auch einfach Outline genannt, ist die Darstellung der Reihenfolge der Szenen eines Buches mit einer kurzen, synopsisartigen Beschreibung des Inhaltes der Szenen. Die Outline entsteht, wie auch der Kurzinhalt, häufig erst dann, wenn das fertige Drehbuch schon geschrieben ist. Die Outline wird benötigt, um sich im Nachhinein über den Ablauf und die Reihenfolge der Szenen Klarheit zu schaffen. Gerne werden die Szenen dabei auf Karteikarten geschrieben, die man hin- und herschieben kann, um die bestmögliche Reihenfolge zu erkunden. Viele Formatierungsprogramme beinhalten zu genau diesem Zweck eine Karteikartenfunktion.

Das szenische Treatment oder Bildertreatment ist umfassender und ausführlicher als die Outline. Anstelle der nüchternen und synopsisartigen Schilderung tritt die Darstellung der Szenen nach dramatischen Gesichtspunkten. Es ist die direkte Vorstufe zum Drehbuch. Die Dialoge sind noch durch Beschrei-

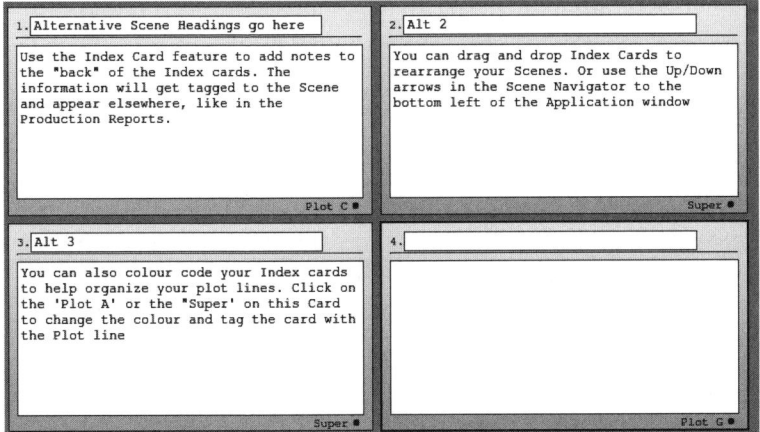

bungen in Prosaform ersetzt. Dabei kommt nicht alles, was eventuell gesagt werden soll, schon ins Bildertreatment. Für die Handlung oder Charakterisierung sehr wichtige Textpassagen können und sollen als indirekte Rede eingeführt werden.

Der Schritt vom szenischen Treatment zum DREHBUCH besteht lediglich im Hinzufügen des Dialogs. Da Wirtschaftsfilme meist mit Kommentartext unterlegt sind und das, was in der Werbung ausgesprochen wird, nur selten echte Dialoge sind, will ich mir die Erklärung des Dialogs sparen.

Für weitergehende Informationen die Szene und den Aufbau der Szene betreffend oder den Dialog ziehen Sie besser ein Buch über Drehbuchschreiben zurate. Es würde hier zu weit führen.

Formatierung

Die Formatierung wird heute dem Computer überlassen, der dafür mit entsprechenden Programmen gefüttert worden ist. Formatierungsprogramme heißen *Screenwriter*, *Final Draft* oder *Celtx*. Letzteres lässt sich kostenlos aus dem Netz herunterladen (www.celtx.com). Das Programm bietet Drehbuchvorlagen für gleich mehrere Einsatzgebiete an. Neben dem Format für den dokumentarischen Film, dem Wirtschafts-, Werbe-, Erklär- oder Schulungsfilm und natürlich dem Format für den fiktionalen Film gibt es Vorlagen für Theaterstücke, Hörspiele, Comic, Roman und Storyboard.

Das Programm Celtx unterscheidet außerdem „Film" von „Audio/Video", kurz AV-Modus. Dabei steht auch der AV-Modus für Film. Mit AV ist die zweispaltige Aufteilung gemeint – die rechte Hälfte ist für den Text (**A**udio) und die linke Hälfte für das Bild (**V**ideo). Sie kommt zur Anwendung bei Produktionen, bei denen ein Text passgenau dem Bild zugewiesen werden soll. Das ist oft bei Erklär- oder Schulungsfilmen der Fall, bei vielen Wirtschafts- oder auch Dokumentarfilmen, die mit Kommentartext unterlegt sind.

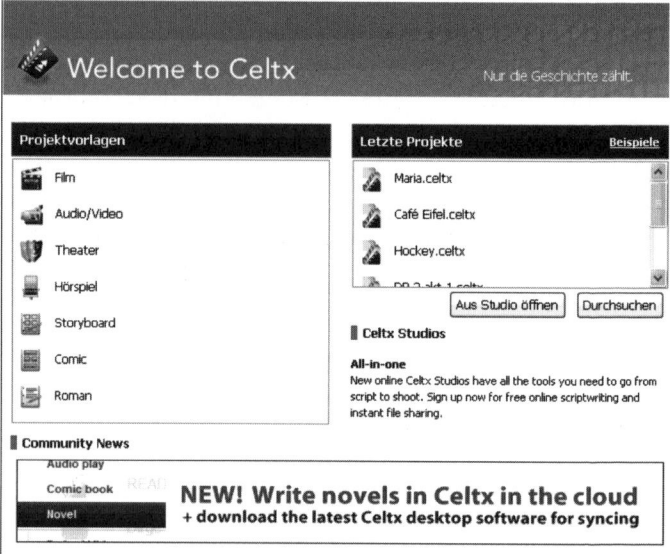

Aufwendigere Programme haben zudem Hilfsmittel, die im Kontext zur Vermarktung des Manuskriptes stehen. Es gibt Seiten zur Kalkulation, Disposition oder Vorproduktion sowie die Möglichkeit statistischer Auswertungsfunktionen, wie z. B. welche Charaktere wie viele Auftritte und Dialoge haben, welche Motive genutzt und wie häufig diese von Charakteren bespielt werden. Manche Programme zeigen anhand einer Grafik die Beziehungen der Personen untereinander an.

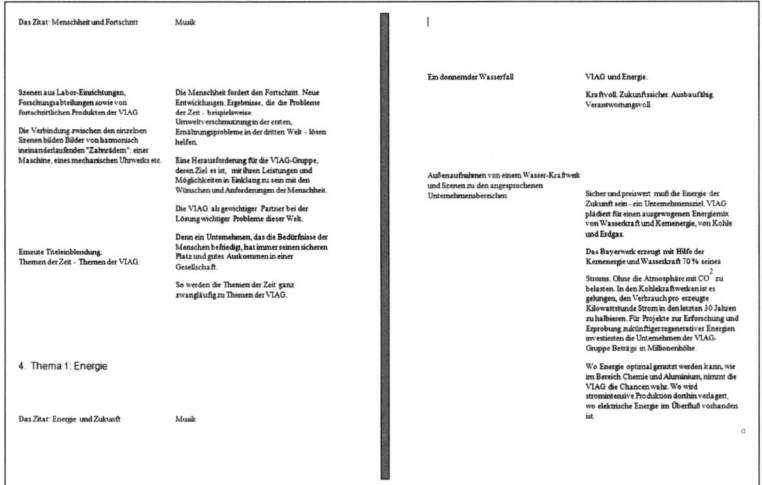

Weitere Gestaltungsschritte

Das STORYBOARD ist eine erste Visualisierung der Geschichte. Illustratoren oder Storyboard-Zeichner fertigen Bilder zur Handlung an. Für einen 30-Sekunden-Spot können da schon mal acht bis zwölf Bilder entstehen.

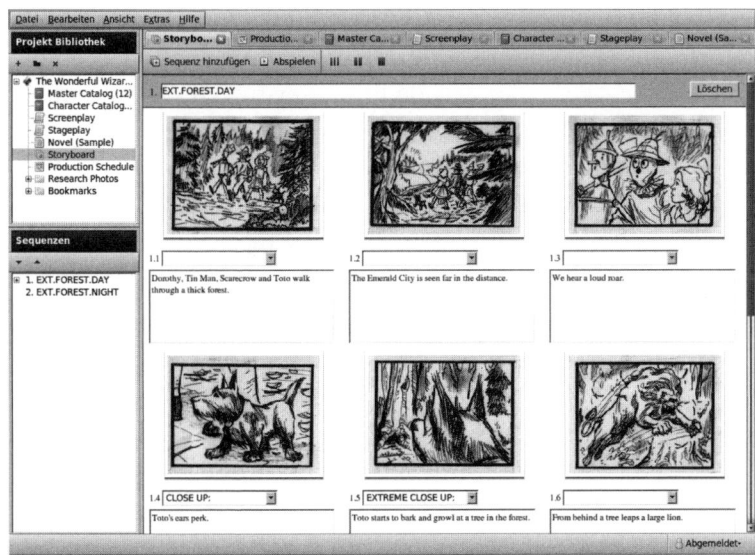

ANIMATICS sind animierte Storyboards. Die gezeichneten Bilder werden abgefilmt, man lässt die Kamera über sie schwenken, Detaileinstellungen machen oder sogar kleine Fahrten vornehmen. So kommen die Bilder in Bewegung. Der Eindruck verstärkt sich durch die Montage der in einzelnen Einstellungen aufgenommenen Bilder. Hinzu kommen Musik, Geräusche und eventuell auch Sprache in Form eines Off-Textes.

Im Gegensatz dazu bezeichnet das RIPOMATIC eine Zusammenstellung verschiedener Bewegtbilder, die man für die Darstellung einer Idee braucht. Die Bilder kommen gerne aus Archiven, sind also nicht eigens aufgenommen worden.

Neu hinzu kommt das MOODBOARD, worunter eine Collage aus Bildern zu verstehen ist, die während der Entstehungsphase gesammelt oder kreiert worden sind. Meist ist das Moodboard ein großer Kartonbogen, auf dem Fotos, Zeichnungen und auch Texte aufgebracht werden.

SKETCHNOTES wird eine Mischung aus Skizzen und Notizen genannt, mit denen Gedanken visualisiert werden können. Es entsteht ein Gemenge aus Worten, Bildern und frei gestaltbaren Strukturen

Unter KEY VISUALS werden die Schlüsselbilder verstanden, die nahezu jeder (Werbe)-Film hat. Es sind die Bilder, an die sich beispielsweise der Kunde immer erinnern soll und die er mit der beworbenen Marke vereint.

MOODTAPES werden Musikbeispiele, Spielfilmausschnitte, Arbeitsproben von Regisseuren und Musterrollen genannt. Es ist alles, was der Verdeutlichung einer Idee dient, und deren spätere Realisierung.

Der LAYOUTFILM ist das filmische Rohkonzept, das einen ersten Eindruck des zu erwartenden fertigen Films übermitteln soll.

Beispielexposé

Im Folgenden können Sie ein Konzept lesen, das für einen Feinkosthändler erdacht wurde, der vor der Produktion leider insolvent gegangen ist. Sie werden verstehen, dass ich den Namen nicht unbedingt nennen möchte. Interessant an dem Konzept, das in der Exposéphase vorliegt, ist, dass mit keinem Wort der Name des auftraggebenden Unternehmens erwähnt ist. Ich weiß nicht, ob dieser Zugang bis zur eigentlichen Produktion Bestand gehabt hätte, wünschenswert wäre es gewesen. Wahrscheinlich wäre der Händler im Vor- oder Abspann erwähnt worden, in welcher Form auch immer. Auch war beabsichtigt, eventuell einen Outdoor-Anbieter mit ins Boot zu nehmen.

Konkret waren die einzelnen Geschichten als Heldenreisen geplant. Ein Held, es war noch nicht sicher, ob es immer derselbe sein sollte, vielleicht sogar ein Journalist, unternimmt abenteuerliche Reisen in ferne Länder auf der Suche nach bestimmten Delikatessen. Gezeigt werden sollten die Filme in bestimmten Sendern als versteckte Werbung in Form von Reportagen, außerdem im Internet.

Im Gegensatz zur UNTERSCHWELLIGEN WERBUNG, womit heimliche Werbebotschaften in Filmen bezeichnet werden – bekannt ist das Experiment, in dem in einem Kinofilm Einzelbilder von Coca-Cola-Flaschen geschnitten wurden, die man bewusst nicht wahrnehmen konnte, die aber unbewusst zum Trinken anregen sollten –, handelt es sich bei der VERSTECKTEN WERBUNG um journalistische Beiträge, die von der werbenden Firma finanziert werden, weil die sich davon einen Werbeeffekt verspricht. Privatsender, auch solche, die sich auf Nachrichten spezialisiert haben, sind für derartige Gaben sehr empfänglich. Sie bekommen sie schließlich gratis.

Der nachfolgende Text hat informativ-konzeptionellen Charakter. Es ist ein Exposé. Erst im Treatment käme der korrekte Aufbau als Heldengeschichte zum Tragen.

Abenteuer Delikatessen

Exposé

BSE, Schweinepest, Nitrat im Salat – können wir noch genießen, ohne unserer Gesundheit zu schaden? Angst kann Augen öffnen! Sie hilft uns, Gutes wiederzuentdecken. Wer jetzt genießen will, muss Wert auf Qualität legen, auch wenn das ein paar Mark mehr kostet. Dafür gibt's das Abenteuer inklusive.

Abenteuer Delikatessen informiert in einer Mischung aus Reportage und Reisebericht, von wem, wo und in welcher Art und Weise ausgesuchte Lebensmittel angebaut, gezüchtet, hergestellt oder geerntet werden. Da die Delikatessen aus allen Ländern der Erde kommen, oft aus touristisch nicht erschlossenen Gebieten, machen die Filmberichte mit unbekannten Gegenden bekannt, die nicht selten zu den schönsten des jeweiligen Landes zählen.

Abenteuer Delikatessen ist als Reihe gedacht. Jede Folge, die eine Länge von 30–45 Minuten haben sollte und wöchentlich ausgestrahlt werden könnte, ist einer anderen Köstlichkeit aus einem anderen Land gewidmet.

Abenteuer Delikatessen

Dass das Essen von Delikatessen zum Abenteuer werden kann, weiß jeder, der sich schon einmal an Hummer, Austern oder Shrimps versucht hat. Ein viel größeres Abenteuer ist aber das Forschen nach den Ursprüngen. Die Welt der exklusiven und hochqualitativen Produkte birgt eine Vielzahl von Geschichten, aktuellen und historischen Anekdoten, Sagen, Erzählungen, Geheimnissen und Abenteuern.

Delikatessen, das können Fleisch, Meeresfrüchte, Geflügel, Obst, Gemüse, Kaffee, Gewürze, Molkerei- und Brotspezialitäten und Pasteten sein. Ihre Verfeinerung beginnt nicht erst in der Küche, sondern schon bei der Aufzucht, bzw. beim Anbau!

Überall auf der Welt gibt es besondere, für den jeweiligen Landstrich typische Lebensmittel: Thunfisch kommt z. B. aus Hawaii, andere exotische Fischsorten werden aus Saudi-Arabien oder Singapur importiert. Walderdbeeren werden in Spanien gepflückt, Zuckererbsen in Zimbabwe geerntet. Sternfrüchte gibt es in Malaysia, grüner Spargel kommt aus den USA, die schmackhaftesten Früchte aus Brasilien. In den französischen Pyrenäen werden Lämmer gezüchtet, Pilze werden in der Bourgogne gesammelt. Bresse ist bekannt für seine Hühner.

Eine Region garantiert aber noch keine Qualität! Hinter den Produkten steht immer auch der Mensch. Die Beantwortung der Fragen, wie, wo und von wem die Lebensmittel angebaut, hergestellt, gezüchtet, ausgesetzt, geerntet, gefischt oder geschlachtet werden, macht uns mit fremden Menschen, deren Traditionen, Lebensumständen und Gebräuchen bekannt.

Für uns von Interesse sind nur solche Delikatessen, deren Herstellung, Anbau oder Aufzucht nach allen Regeln der Kunst und Menschlichkeit geschieht!

Züchter, die ihre Tiere zu Lebzeiten artgerecht halten, werden nach deren Schlachtung mit einem besonders guten Geschmack belohnt. Nur wenn Maishühner ausschließlich Maiskörner picken, wird ihr Fleisch gelblich und leicht süßlich. Dem noblen Ibérico-Schinken zuliebe streunen Schwarzfußschweine wie zu Urgroßvaters Zeiten durch Eichelhaine. Durch die Eichelkost reift ihr Hinterteil zu einer leicht nussig schmeckenden, teuren Delikatesse heran und kann rund 3.000 Mark wert sein. In Bresse steht für jedes Küken 1 m² Käfig zur Verfügung, dann bekommt es mindestens 10 m² Außenflächen. Ein ganz spezielles Futtergemisch wird tagtäglich für die Tiere zubereitet. Genau 16 Wochen leben sie in einem paradiesischen Zustand. Dann erst werden sie geschlachtet.

Obst und Gemüse reifen nur in gesundem, nicht von Insektiziden verunreinigtem Boden zu Delikatessen heran.

Auch der oft abenteuerliche Weg der Lebensmittel vom Erzeuger zum Verbraucher – hier und da mit einem lohnenden Abstecher in die heimischen Markthallen – soll Beachtung finden. Es ist eine Reise unter Zeitdruck. Die teuersten und schnellsten Fortbewegungsmittel werden aktiviert. Unterbrochen wird die Reise immer wieder von Qualitätsüberprüfungen der Käufer, Händler oder Veterinärmediziner. Verzögerungen bedeuten, dass die Ware nicht mehr frisch ankommt, also unbrauchbar geworden ist. Dabei stehen Unsummen auf dem Spiel.

Folge 1:

ABENTEUER DELIKATESSEN

Kobe-Beef – das wertvollste Rindfleisch der Welt

Beim *Kobe-Beef* aus Japan ist jede Muskelfaser des Rindfleisches von einem zarten Fettfilm ummantelt. Hauchdünn geschnitten, abgepackt in kleinen 100-Gramm-Päckchen, für die man in Japan bis zu 150 Mark bezahlt, gilt die Delikatesse als krönender Abschluss eines traditionellen Freundschaftsessens, des Sukiyaki.

In Kobe, der japanischen Universitäts- und Hafenstadt in der Nähe von Osaka, werden vor allem Reis, Früchte, Gemüse und Tee angebaut. Hinter der Küste liegen die Rokko-Berge, bekannt durch ihre heißen Quellen, die viele Touristen anziehen. An Sehenswürdigkeiten gibt es Buddhistische Tempel, Buddha-Statuen und ein Kunstmuseum.

Die Wagyu-Rinder aus Kobe sind eine Sehenswürdigkeit besonderer Art, die in keinem Reiseführer steht. Die Rinder führen kein Leben wie ihre Artgenossen. Ihnen wird ganz besondere Aufmerksamkeit zuteil. Dreimal täglich bekommen sie ein Menü aus gekochtem, warmem Brei, gehäckseltem Reisstroh und bestem Heu. Als Nachtisch wird ihnen ein Liter Bier eingeflößt. Die Kühe kommen täglich ein bis zwei Stunden auf die Weide. Danach erhalten sie eine spezielle Massage, bei der ihr Fell mit Reiswein besprenkelt und anschließend mit Reisbüscheln abgedroschen wird. Nach eineinhalb Jahren derartiger Pflege sind die Wagyus reif für den Schlachter – und liefern das wertvollste Rindfleisch der Welt.

Die japanische Spezialität hat auch in Frankreich Nachahmer gefunden. In der Region Coutancie im Périgord Vert führen die Bauern seit einigen Jahren ihre Rinder zweimal täglich zur Massage. In einer Art Waschanlage werden die Tiere mit Bier besprüht und zwischen rotierenden, genoppten Walzen gewalkt. Anschließend fahren glatte Rollen von vorne nach hinten über die Rinder hinweg und walzen sie trocken – eine Prozedur, die die Kühe durchaus genießen, wie die Bauern beteuern. Nach einem halben Jahr täglicher Massage ist das Rindfleisch bis auf die Knochen weichgeknetet und durch das Bier entsprechend aromatisiert.

Folge 2:

ABENTEUER DELIKATESSEN

Tuber magnatum pico – das teuerste legale Genussmittel der Welt

Tuber magnatum pico – der weiße Trüffel aus dem piemontesischen Kirchsprengel Alba, gilt als das teuerste legale Genussmittel der Welt. Derzeit wird er zu 450 Mark pro 100 Gramm gehandelt. Vor der äußerlich unscheinbaren Erdknolle, die ein schrulliges Aussehen hat, aber einen Duft verströmt, nach dem man süchtig werden kann, stehen die Feinschmecker in jeder Saison, die von Oktober bis Ende Dezember dauert, stramm.

Im Gegensatz zum schwarzen Trüffel, der sich züchten lässt, ist der weiße Trüffel nach wie vor ein exklusives Naturprodukt. Das ist wohl auch einer der Gründe für die Faszination. Als die besten Regionen für den weißen Trüffel gelten Umbrien, die Toskana, Piemont und

Emilia Romagna. Woher der wirklich beste weiße Trüffel kommt, darüber streiten sich die Gelehrten. Letztlich ist es so, dass jede Region behauptet, den besten Trüffel zu haben. Sehr viel weißer Trüffel kommt auch aus dem ehemaligen Jugoslawien, aus Kroatien und Slowenien. Obwohl es kaum Qualitätsunterschiede gibt, lassen sich die „Trüffel aus Kroatien" nicht verkaufen, da die landläufige Meinung ist, weiße Trüffel dürfe es nur aus Italien geben.

Viele Trüffel, die als Produkt italienischer Herkunft angeboten werden, stammen tatsächlich nicht aus italienischem Boden. Neben denen aus Kroatien und Slowenien, die qualitativ sehr gut sind, werden auch Knollen aus Syrien als weiße Trüffel gehandelt. Die gängigste Fälschung sind die bekannten „Bianchetti". Es handelt sich dabei um den „Albidum Marzuolo", eine Knolle, die überwiegend im März in Italien gefunden wird. Daher auch der Name „Marzuolo". Italienische Forscher haben einen Gentest entwickelt, um den gefälschten Trüffeln auf die Spur zu kommen. Eine spezielle Sonde findet heraus, ob das Knollengewächs die genetische Struktur der weißen Trüffel aus dem Piemont aufweist.

Natürlich werden wir die echten weißen Trüffel suchen und finden, in der Toscana und in Umbrien, in Begleitung eines alteingesessenen Trüffelsuchers, eines bevollmächtigten *Trufaios*.

Folge 3:

ABENTEUER DELIKATESSEN

Der Skrei – der Fisch, der aus dem Norden kommt

Das von der Struktur feste, aber dennoch zarte Fleisch des Skreis, seine Bissfestigkeit und sein hervorragender Geschmack haben dem Edelfisch unter den europäischen Köchen eine wahre Fanggemeinde beschert. *Le club de Skrei* ist eine Vereinigung von Spitzenköchen, für die Altmeister Paul Bocuse die Patenschaft übernommen hat.

Eingeschlossen von den Gewalten des Nordmeeres hoch oben im Norden Norwegens, liegen die Lofoten. Fährt man mit dem Schiff zu dieser nordischen Inselgruppe, erheben sich zwei lang gestreckte „Gestalten" im Meer: Austvagoy und Vestvagoy, die beiden Hauptinseln des Lofoten-Archipels. Diese ursprüngliche und herb-schöne Landschaft Norwegens ist die Heimat des Skrei, jedoch nur von Mitte Februar bis April, wenn er sich dort zum Laichen aufhält. Erst dort wird aus dem Edel- oder Königskabeljau der Skrei.

Im Gegensatz zum normalen Kabeljaufang mit großen Trawlern, die 8–10 Tage auf dem Wasser bleiben, wird der Skrei mit kleinen Kuttern geangelt, was nicht ohne Risiko abläuft. Erfahrung, Geschick und eine kundige Hand sind gefragt. Der oftmals hohe Seegang, die eisige Kälte und der schneidende Wind machen den Jägern in ihren kleinen Fischerbooten zu schaffen. Um den Kabeljaubestand nicht zu gefährden, werden sowohl Mengen als auch Fangmethoden streng kontrolliert. So darf der Fisch nur mittels der sogenannten Leinenfischerei gefangen werden: Viele Haken werden einzeln mit Ködern versehen und an einer langen Leine angebracht. Diese wird beim Angeln hinter dem Schiff hergezogen, bis der Fisch anbeißt.

Der Skrei, der ein Gewicht von bis zu 40 kg und eine Länge von 1,50 Meter erreichen kann, ist sehr empfindlich. Damit er seine Festigkeit und gute Qualität behält, muss er direkt an Bord ausgenommen und für den Weitertransport präpariert werden. Wenige Stunden nach dem Fang muss der Fisch sein Ziel – die Küchen der Spitzengastronomie – erreicht haben.

Weitere Folgen:

„Weißes Gold – Shrimps aus Ecuador". Drei Farmen, zwei nahe der größten Stadt Guayaquil, eine ganz im Süden des Landes, produzieren das *„weiße Gold"* nach Öko- und Feinschmeckerrichtlinien. Zur Aufzucht der Shrimps werden keine Antibiotika verwendet, die Wasserqualität wird ständig überwacht, und die Teiche sind ausreichend dimensioniert, was dem Geschmack zugutekommt.

„Das gelbe Wunder – Bananen aus Libertad". In der ecuadorianischen Provinz El Oro im Dorf Libertad werden Bananen für die besten Supermärkte Europas geerntet. Sie wachsen in gepflegten Hainen auf, die nicht mit Unkrautvernichtern und Wurmgiften traktiert worden sind. Die Plastiktüten, in die die reifen Bananen zum Schutz verpackt werden, sind nicht mit Insektiziden vorbehandelt. Stattdessen wird in Libertad Paprika angebaut, aus dem man einen Sud braut, der die Insekten fernhält.

„Die Glücklichmacher – Nudeln aus Fara San Martino". Nudeln heben die Stimmung, das behaupten Wissenschaftler. In dem winzigen Abruzzendorf Fara San Martino gibt es – einmalig auf der Welt – gleich drei Nudelfabriken, was kein Zufall sein kann. Das kalte Quellwasser und die gute Luft der Abruzzen kommen der Pasta zugute. Da Konkurrenz das Geschäft belebt, werden in Fara San Martino die besten Nudeln Italiens – und damit natürlich der Welt – gemacht.

Darüber hinaus bieten sich als Themen für weitere Folgen an: Fleisch aus Schottland, Lachse aus Norwegen, violette Kartoffeln aus Vietnam, Austern aus Frankreich, Kaviar aus Persien, Kapuzinerblüten aus Israel, Papageienfisch aus Australien und Rohmilchbutter aus der Bretagne.

Teil III

Fragen an die Geschichte

Klug fragen zu können, ist die halbe Weisheit.[55]

---

[55] Sir Francis von Verulam Bacon, 1561–1626, englischer Philosoph, Essayist und Staatsmann.

Nachfolgend stelle ich einige Fragen an die Geschichte. Da die Auswahl vom fiktionalen Film beeinflusst ist, kann es sein, dass es nicht auf alle Fragen eine Antwort geben wird. Je nach dem Produkt können manche Fragen aber helfen, sich erneut Gedanken über die Geschichte zu machen und sie gegebenenfalls noch etwas zu verändern.

Es ist eine Hilfestellung, einen Zugang zur eigenen Story zu bekommen. Hat man eine Geschichte geschrieben, so ist es ab einem bestimmten Zeitpunkt schwer, sie immer wieder erneut infrage zu stellen. Nach Tagen, oft sogar Wochen oder Monaten der Beschäftigung kennt man den eigenen Stoff nahezu auswendig. Fragen, die von außen kommen, können da helfen. Sie können natürlich nicht weitere Personen ersetzen, die Ihnen bei der Stoffauswahl und -bearbeitung immer wieder zur Seite stehen sollten.

Fragen an die Story

Arbeitstitel

Wie lautet der Arbeitstitel der Geschichte? Durch den Titel wird das Publikum positioniert. Im Idealfall kommen im Titel neben Genre und Thema auch das Gefühl oder die Einstellung des Autors zum Thema zum Ausdruck. Ein wirkungsvoller Titel kann auch auf eine Figur verweisen, die tatsächlich vorkommt.

Ein guter Titel erweckt auch Neugier. Eines der Grundprinzipien des dramatischen Erzählens besteht darin, den Zuschauer unbewusst (oder bewusst) Fragen stellen zu lassen, auf deren Beantwortung er wartet. Ein Geschichtenerzähler kommt ohne den Aufbau von Neugier nicht aus!

Natürlich spielt die Titelvergabe bei Werbefilmen eine nicht so gewichtige Rolle, bei Image- oder Industriefilmen werden hingegen gerne Titel vergeben, z. B. „Themen der Zeit – Themen der VIAG" für einen Imagefilm für die VIAG AG.

Zuschauer

Beschreiben Sie den Zuschauer, den Sie im Auge haben. Dramaturgisch argumentieren heißt, von der Wirkung ausgehen, die das Dargestellte auf den Zuschauer hat! Ein Drehbuch wird nicht geschrieben, um sich selbst, sondern um den Zuschauer zu befriedigen. Dafür muss klar sein, wie der Zuschauer beschaffen ist. Für Kinder wird anders geschrieben als für Erwachsene, für Frauen manchmal anders als für Männer.

Beim Werbe- Industrie- oder Imagefilm ist der Zuschauer, der Mitarbeiter, der Interessierte oder der Aktionär der Kunde. Es sollte mit der Aufgabe, die an die Geschichte gestellt wird, klar definiert sein.

Was ist die Prämisse der Geschichte?

Die Prämisse ist die Idee, die den Wunsch des Autors, eine Story zu erschaffen, auslöst. Es ist eine Frage mit offenem Ende: Was würde passieren, wenn ...?

In bis zu maximal drei Sätzen erzählen Sie den Anfang, die Mitte und das Ende der Geschichte

Die Frage lautet: Was ist das Gerüst der Geschichte? Geschichten in der Realität haben keinen Anfang und auch kein Ende. Doch das Kinopublikum erwartet es. Erst mit einem Anfang, einer Mitte und einem Ende ist der Film für die Zuschauer komplett.

Was ist das Thema der Geschichte?

Was ist die grundlegende Idee, die die Geschichte durchzieht? Das Thema ist die zugrunde liegende Moral, Philosophie oder politische Ansicht.

Was sind das Genre und der Ton der Geschichte?

Welche Gefühle, Emotionen und Empfindungen sollen beim Zuschauer mittels welcher Erzählweise einer wie gearteten fiktionalen Geschichte ausgelöst und befriedigt werden? Die

Vereinbarungen mit dem Zuschauer sind unterschiedlich. Das, was in einer Komödie getan wird, kann (muss) in einer Tragödie fehl am Platze sein, was in einem Thriller rechtens ist, kann in einem Krimi nicht funktionieren!

Wann findet die Geschichte statt?

Jede Zeit hat ihre eigenen Werte; die Zeit beeinflusst die Geschichte!

Wo spielt sich die Geschichte ab?

Der Ort ist ein Werkzeug, um die Geschichte vorwärtszutreiben.

Was ist der Hauptkonflikt?

Drama ist Konflikt! Ohne dass sich irgendetwas dem Protagonisten bei der Erreichung seines Ziels in den Weg stellt, gäbe es keinen Konflikt und keine Geschichte. Konflikt ist der Motor, der eine Geschichte vorwärtstreibt, er liefert Triebkraft und Bewegung.

Plot

Mit drei bis vier Sätzen beschreiben Sie den Plot. Der Plot ist der „Körper" der Geschichte. Beantwortet werden sollte im Plot: Wer ist der Protagonist? Was ist sein Ziel? Welches ist die antagonische Kraft? Wie sieht der zentrale Konflikt der Geschichte aus?

Fragen an die Filmfigur

Wie lautet der Name des Protagonisten?

Im besten Fall drückt der Name den Charakter aus.

Dass es sinnvoll ist auch bei Werbe-, Industrie und Imagefilmen Menschen in den Vordergrund zu stellen, wurde erwähnt. Es hilft bei der Arbeit, ihnen Namen zu geben.

Was ist das Ziel des Protagonisten?

Nur mit dem Ziel vor Augen kann ein Drehbuch verfasst werden, weil der Weg zu diesem Ziel den Gang der Handlung bestimmt.

Listen Sie fünf der motivierenden Charaktereigenschaften auf, die den Protagonisten auszeichnen.

Diese, wie die folgenden Fragen, dienen der Charakterisierung der Figuren und damit auch dem besseren Kennenlernen. Wer, wenn nicht das Autor, muss seine Figuren kennen.

Welche Charaktereigenschaften lassen den Protagonisten triumphieren?

Welcher Fehler oder Mangel des Protagonisten steht ihm im Weg, das Ziel zu erreichen?

Warum gehört die Geschichte dem Protagonisten?

Wenn es in der Geschichte eine andere Person gibt, die eher prädestiniert dazu wäre, sich auf den Weg zu machen, so stimmt etwas nicht!

Warum ist der Protagonist die einzige Person, die den Konflikt lösen kann?

Der Protagonist muss im Zentrum stehen. Er muss mit dem Konflikt konfrontiert werden. Gut ist, wenn die Person bestimmte Talente hat, die sie darüber hinaus auszeichnet, dass nur sie die Lösung herbeiführen kann. Gut ist auch, wenn er jene Talente erst an sich entdeckt.

Steht der Protagonist bei der Lösung seines Problems unter Zeitdruck?

Gibt es eine tickende Uhr? Dringlichkeit macht die Notlage größer und bringt Tempo in die Geschichte.

Warum ist das, was der Protagonist tut, entscheidend?

Wenn nicht alles vom Protagonisten abhängt, ist es auch nicht seine Geschichte.

Entwickelt sich der Protagonist?

Er kann sich entwickeln, muss es aber nicht. Wenn sich der Protagonist nicht entwickelt, entwickelt sich meist eine andere Figur, und der Protagonist hat maßgeblichen Anteil an dessen Entwicklung. Er wirkt dann als Katalysatorfigur.

Was ist der Einsatz?

Es muss etwas auf dem Spiel stehen!

Nicht alle Fragen müssen für alle Arten von Geschichten beantwortet werden. Es ist auf alle Fälle nützlich, sich über alle Fragen Gedanken zu machen.

Nachwort

Während ich dieses Buch schreibe, lese ich einen äußerst originellen Roman. Er trägt

den Titel *Zwei Herren am Strand*, geschrieben hat ihn Michael Köhlmeier.[57] Die Geschichte handelt von zwei Personen, die versuchen, den „schwarzen Hund" zu vertreiben. Die beiden sind keine Geringeren als Winston Churchill und Charlie Chaplin, der „schwarze Hund" ist die Depression, von der sie in regelmäßigen Abständen befallen werden. In einer Passage im Buch wird beschrieben, wie Churchill die Texte für seine Sachbücher formulierte. Damit ihm etwas einfiel, war er auf Zuhörer angewiesen. Die Stenotypistinnen schieden als Zuhörer aus; sie waren mit dem Schreiben beschäftigt. Also wechselten sich die Familienmitglieder ab. Schon nach wenigen Tagen drückte sich aber einer nach dem anderen, sodass letztlich nur die zehnjährige Tochter Mary übrig blieb. Es spornte Churchill an, sich erstens verständlich auszudrücken und zweitens das Narrative zu betonen. Wenn die Kritik heute lobend hervorhebe, seine Marlborough-Biografie lese sich wie ein spannender Roman, so sei dies niemand anderem zu verdanken als seiner Tochter Mary, die immer die richtigen Fragen gestellt habe und sich weniger mit *history* als mit *story* hat beeindrucken lassen[58], stellte Winston Churchill nach der Verleihung des Nobelpreises selbst fest.

Kürzlich machte ein Film in den Kinos Furore. Der Regisseur ist Frederick Wiseman, der Titel lautet *National Gallery*. Wiseman führt darin keine Interviews, er kommentiert nicht, er verzichtet darauf, sich selbst als Filmemacher in Szene zu setzen. Mit dieser Zurückhaltung hat er schon das Ballett der Pariser Oper beobachtet, er hat uns das Innenleben des Madison Square Garden in New York vor Augen geführt oder in *Welfare* die Abgründe der Abhängigkeit von staatlicher Wohlfahrt. Für

---

[56] Sprichwort.
[57] Michael Köhlmeier, *Zwei Herren am Strand*, 2016.
[58] Ebenda, S. 142.

sein Lebenswerk wurde Wiseman 2015 bei den Filmfestspielen in Venedig geehrt.

Wiseman ist Dokumentarfilmer, einer von der aufrichtigen Sorte. Er lässt Wirklichkeit Wirklichkeit sein, oder, anders ausgedrückt, er verzichtet auf jedwede Art von Storytelling. Seine Kunst der Beobachtung, gepaart mit seiner Fähigkeit, als Beobachter vergessen zu werden, macht den Zuschauer zu dem, was er eigentlich sein sollte: zu einem mündigen Bürger, der in der Lage ist, sich ein eigenes Urteil zu fällen.

Ohne Hinzunahme der Tricks und Kniffe, wie Geschichten wirkungsvoll zu erzählen sind, sollten Wisemans Filme spröde sein und allenfalls einige wenige Interessierte ansprechen, wie es anderen Dokumentarfilmen schon ergangen ist. Nicht zufällig laufen Dokumentationen so gut wie nie in Kinos, und im Fernsehen belegen sie, wenn sie überhaupt gezeigt werden, die Zeit um Mitternacht. Wisemans *National Galery* läuft aber in den größten Kinos – dass die Kritiker voll des Lobes sind, war zu erwarten, aber die Besucher sind es auch!

Kann es sein, dass durch den Hype, den Storytelling aktuell genießt, das Geschichtenerzählen inzwischen an allen Ecken und Enden übertrieben wird und es dem Zuschauer, Zuhörer oder Kunden irgendwann zu viel werden könnte?

Diese Überlegungen in einem Buch über Storytelling anzustreben, ist kontraproduktiv, ich weiß das. Um dem noch eins draufzusetzen, zitiere ich, wie schon im Vorwort, Walter Benjamin:

> „Wer trifft noch auf Leute, die rechtschaffen etwas erzählen können? – Beinahe nichts mehr, was geschieht, kommt der Erzählung, beinahe alles der Information zugute.[59]

Edgar v. Cossart

---

[59] Walter Benjamin, 1892–1940, deutscher Philosoph und Kulturkritiker.

Sachverzeichnis